21世纪智能化网络化电工电子实验系列教材

电机拖动与电气技术实验指导书

主编　苑尚尊　贺春玲

主审　张跃宏

中国水利水电出版社
www.waterpub.com.cn

内 容 提 要

本实验指导书根据“电机拖动与电气技术”课程教学的基本要求，基于智能电机拖动实验平台的基础上而编写的。实验数据和实验波形全部通过数字仪器仪表进行采集，保证学生实验数据的真实性，实验报告全部在网上提交，能满足工科院校电类专业学生对“电机拖动与电气技术”课程实验的要求，最近又增加了部分综合性和设计性实验项目。

本实验指导书共有 16 个实验，包括直流发电机、直流并励电动机、单相变压器、三相变压器的联结组别和不对称短路、三相笼型异步电动机的工作特性、三相异步电动机的启动与调速、单相电容启动异步电动机、三相同步电动机、直流电动机机械特性的研究、三相异步电动机的机械特性、三相异步电动机点动和自锁控制线路、三相异步电动机的正反转控制线路和常用的控制线路等内容，为培养学生独立实验的能力，书中有些实验内容写得比较简略，留有部分内容让学生自己完成。

本实验指导书既可作为高等院校电类专业电机及拖动、机床电气等课程的配套实验指导书，也可供工程技术人员参考。

图书在版编目（CIP）数据

电机拖动与电气技术实验指导书 / 苑尚尊，贺春玲主编．—北京：中国水利水电出版社，2008（2022.1 重印）
（21 世纪智能化网络化电工电子实验系列教材）
ISBN 978-7-5084-5667-6

Ⅰ．电…　Ⅱ．①苑…②贺…　Ⅲ．①电机－电力传动－实验－高等学校－教学参考资料②电气设备－实验－高等学校－教学参考资料　Ⅳ．TM-33

中国版本图书馆 CIP 数据核字（2008）第 145420 号

书　　名	21 世纪智能化网络化电工电子实验系列教材 **电机拖动与电气技术实验指导书**
作　　者	主　编　苑尚尊　贺春玲 主　审　张跃宏
出版发行	中国水利水电出版社 （北京市海淀区玉渊潭南路 1 号 D 座　100038） 网址：www.waterpub.com.cn E-mail：mchannel@263.net（万水） sales@waterpub.com.cn 电话：（010）68367658（营销中心）、82562819（万水）
经　　售	全国各地新华书店和相关出版物销售网点
排　　版	北京万水电子信息有限公司
印　　刷	三河市德贤弘印务有限公司
规　　格	184mm×260mm　16 开本　6 印张　144 千字
版　　次	2008 年 9 月第 1 版　2022 年 1 月第 5 次印刷
印　　数	5001—6000 册
定　　价	12.00 元

序

电工电子实验是配合电工电子技术课程教学的一个非常重要的教学环节，通过实验能够巩固学生的电工电子技术基础理论知识，培养学生的实践技能、分析问题、解决问题的能力，启发学生的创新意识。

随着网络和信息技术的发展，作为工科专业所十分注重的实验教育也必须跟上时代的脚步，实验教学改革也成为了学校教学改革的一个热点。在实验教学改革中，提倡开放式实验教学，将研究学习和信息技术整合起来，因此基础实验的网络化显得尤为重要和迫切。然后，与之相关并具有针对性、反映当前科技发展的教材却较少。

由多所院校共同研讨，根据网络化、信息化实验设备的实际情况，结合天科公司实验设备的特点，组织编写了一套适合于网络化、信息化实验设备的系列教材——“21 世纪智能化网络化电工电子实验系列教材”，共计 5 本，分别是《电路原理实验指导书》、《数学电子技术实验指导书》、《模拟电子技术实验指导书》、《电机拖动与电气技术实验指导书》、《电工与电子技术实验指导书》。

本套丛书跟踪电工电子实验成熟的新技术、新原理，特别是计算机技术在电工电子实验中的应用，结合天科公司研制开发的“局域网联网型”多媒体实验教学管理软件，重点论述了关于电工电子（网络型）实验系统的总体结构及基本功能，是一套能满足新的实验教学要求和课程设置需要的教材。

本套丛书有以下特点：

（1）紧密配合课程内容与课程体系改革和实验教学改革的要求。

（2）内容详细完整，专业性、针对性强，软件系统能与大多数高等学校实验中心的实验设备配套。

（3）引进“局域网联网型”多媒体实验教学管理软件系统，与实际工程实验有机结合，提供强大的实验管理功能和人性化操作界面。

本套丛书内容新颖、概念清晰、实用性强、通俗易懂。通过本丛书可以让广大读者很好地了解未来实验的新手段，非常感谢重庆科技学院苑尚尊和刘永刚老师对我公司的大力支持与帮助，为新的实验技术推广提供了较完整的技术资料。

杭州天科教仪设备有限公司

董事长：金仕斌

2008 年 5 月

前　言

本实验指导书是根据教育部《关于加强高等学校本科教育工作提高教学质量的若干意见》文件精神和《高等学校国家级实验教学示范中心建设标准》，并考虑到精品课建设要求编写的一套适应21世纪教学改革要求的实验教材。

电机拖动与电气技术实验是配合相关理论课程教学的一个非常重要的环节，通过实验能够巩固电机拖动与电气技术基础理论知识，培养学生的实践技能、动手能力和分析问题及解决问题的能力，启发学生的创新意识并挖掘创新思维潜力。

本实验教材作为本科学校电类工科专业电机拖动与电气技术课程的实验教材，是按照模块化、网络化这一新的教学理念和教学体系而编写的，具有以下特点：

（1）引进新技术，教学灵活多样。紧密配合课程体系改革和实验教学改革的需要，引入计算机虚拟实验和网络化管理技术，将计算机虚拟实验与传统的实际工程实验有机地结合，提供学生先进的实验技术和发挥想象力、创造力的空间。

（2）内容充实，实验项目层次化。本实验教材针对课程特点，根据教学大纲要求，对每个实验的实验目的、实验原理、实验内容及步骤、设计方法、注意事项等部分进行了详细阐述，有些实验单元安排了必做、选做和提高（书中用＊号表示）等不同层次的实验项目，以适应不同专业学生的实验要求。

（3）通用性强。能与学校的电工电子实验中心的实验设备配套使用，满足教学大纲要求，适应性强。

本实验指导书由重庆科技学院电子信息工程学院电工电子实验教学中心统一组织编写。

全书由苑尚尊负责统稿修改，由张跃宏副教授主审，并提出宝贵意见和建议。参加本书编写的老师有贺春玲（实验一至实验七）、程岷沙（实验八至实验十）、苑尚尊（实验十一至实验十四）、宋乐鹏（实验十五和实验十六）。同时也得到了电工电子实验教学中心其他实验老师的大力支持和帮助，在此一并表示感谢！

由于编者水平有限，书中难免存在许多不足，敬请读者提出批评和改进意见。

编　者

2008年4月

目　　录

电机拖动与电气技术实验的基本要求和安全操作规程

一、实验的基本要求

电机拖动与电气技术实验课的目的在于培养学生掌握基本的实验方法与操作技能。培养学生学会根据实验目的、实验内容及实验设备拟定实验线路，选择所需仪表，确定实验步骤，测取所需数据，进行分析研究，得出必要结论，从而完成实验报告。在整个实验过程中，必须集中精力，及时认真做好实验。现按实验过程提出下列基本要求。

1. 实验前的准备

实验前应复习教科书有关章节，认真研读实验指导书，了解实验目的、项目、方法与步骤，明确实验过程中应注意的问题（有些内容可到实验室对照实验预习，如熟悉组件的编号、使用及其规定值等），并按照实验项目准备记录抄表等。

实验前应写好预习报告，经指导教师检查认为确实做好了实验前的准备，方可开始做实验。

认真做好实验前的准备工作，对于培养学生独立工作能力，提高实验质量和保护实验设备都是很重要的。

2. 实验步骤

（1）建立小组，合理分工。每次实验都以小组为单位进行，每组由两人组成，实验进行中的接线、调节负载、保持电压或电流、记录数据等工作每人应有明确的分工，以保证实验操作协调、记录数据准确可靠。

（2）选择组件和仪表。实验前先熟悉该次实验所用的组件，记录电机铭牌和选择仪表量程，然后依次排列组件和仪表，便于测取数据。

（3）按图接线。根据实验线路图及所选组件、仪表，按图接线，使线路力求简单明了，按接线原则先接串联主回路，再接并联支路。为查找线路方便，每路可用相同颜色的导线或插头。

（4）启动电机，观察仪表。在正式实验开始之前，先熟悉仪表设备，正确选择电机的启动电阻和负载电阻，然后按一定规范启动电机，观察所有仪表是否正常。如果出现异常，应立即切断电源，并排除故障；如果一切正常，即可正式开始实验。

（5）测取数据。预习时对电机的铭牌数据和试验方法及所测数据的大小做到心中有数。正式实验时，根据实验步骤逐次测取数据。

（6）认真负责，实验有始有终。实验完毕，须将数据交指导教师审阅。经指导教师认可后，才允许拆线并把实验所用的组件、导线及仪器等物品整理好。

3. 实验报告

实验报告是根据实测数据和在实验中观察和发现的问题，经过自己分析研究或分析讨论后写出的心得体会。

实验报告要简明扼要、字迹清楚、图表整洁、结论明确。

实验报告包括以下内容：

（1）实验名称、专业班级、学号、姓名、实验日期、室温（℃）。

（2）列出实验中所用组件的名称及编号、电机铭牌数据（P_N、U_N、I_N、n_N）等。

（3）列出实验项目并绘出实验时所用的线路图，并注明仪表量程、电阻器阻值及电源端编号等。

（4）数据的实时采集、记录和计算。

（5）在计算机上按记录及计算的数据在曲线表上画出曲线。

（6）根据数据和曲线进行计算和分析，说明实验结果与理论是否符合，可对某些问题提出一些自己的见解并最后写出结论填写到实验报告上。实验报告应写在一定规格的报告纸上，保持整洁。

（7）每次实验每人独立完成一份报告，按时送交指导教师批阅。

二、实验安全操作规程

为了按时完成电机及电气技术实验，确保实验时人身安全与设备安全，要严格遵守以下规定的安全操作规程：

（1）实验时，接线和拆线都必须在切断电源的情况下进行。

（2）实验中如发生异常情况和故障，应立即切断电源，经查清问题和妥善处理故障后，才能继续进行实验。

（3）电机实验线路接好后应先检查功率表和电流表的量程是否符合要求，有无短路回路存在，以免损坏仪表或电源。

（4）连接线路时要注意将导线完全插入插孔内，避免因接触不良造成电路不通或引起发热而影响实验的进行。

（5）做电机实验时，长发女生要注意将头发用发夹卡好，小心头发被卷入电机转轴而引起人身事故。

（6）爱护国家财产和实验设备，任何人不得随意在实验台和实验装置上乱填写、作记号。

（7）实验室须保持安静和清洁，不得大声喧哗、抽烟、随地吐痰、乱扔纸屑。

实验一　直流电机认识实验

一、实验目的

（1）学习电机实验的基本要求与安全操作注意事项。

（2）认识在直流电机实验中所用的电机、仪表、变阻器等组件及使用方法。

（3）熟悉他励电动机（即并励电动机按他励方式）的接线、启动、改变电机转向与调速的方法。

二、预习要点

（1）如何正确选择使用仪器仪表，特别是电压表、电流表的量程。

（2）直流电动机启动时，为什么在电枢回路中需要串接启动变阻器？不串接会产生什么严重后果？

（3）直流电动机启动时，励磁回路串接的磁场变阻器应调至什么位置？为什么？若励磁回路断开造成失磁时，会产生什么严重后果？

（4）直流电动机调速及改变转向的方法。

三、实验项目

（1）了解 TKDQ－2 型电机及电气技术实验装置各部分功能，了解电源控制屏中的电枢电源、励磁电源、校正过的直流电机、变阻器、多量程直流电压表、电流表及直流电动机的使用方法。

（2）用伏安法测直流电动机和直流发电机的电枢绕组的冷态电阻。

（3）直流他励电动机的启动、调速及改变转向。

四、实验设备及控制屏上挂件排列顺序

1. 实验设备

实验设备如表 1－1 所示。

表 1－1　实验设备

序号	型号	名称	数量
1	DQ03	导轨、测速发电机及转速表	1 台
2	DQ19	校正直流测功机	1 台
3	DQ09	直流并励电动机	1 台

续表

序号	型号	名称	数量
4	DQ22A、DQ22B	直流数字电压表、毫安表、安培表	2 件
5	DQ27	三相可调电阻器	1 件
6	DQ29	可调电阻器	1 件
7	DQ31	波形测试及开关板	1 件
8	DQ26	三相可调电阻器	1 件

2. 控制屏上挂件排列顺序

其排列顺序为 DQ22A、DQ27、DQ26、DQ31、DQ22B、DQ29。

五、实验方法

1. 实验前的准备工作

由实验指导人员介绍 TKDQ－2 型电机及电气技术实验装置各面板布置及使用方法，讲解电机实验的基本要求、安全操作规程和注意事项。

2. 用伏安法测电枢的直流电阻

（1）按图 1－1 所示接线，电阻 R 用 DQ29 上 3750Ω 和 185Ω 相串联（将 3750Ω 电阻手柄置于中间位置，185Ω 调至最大值。电流表选用 DQ22 直流毫安表，量程选用 2000mA 挡（电压表可选用万用表测量）。开关 S 选用 DQ31 挂箱。

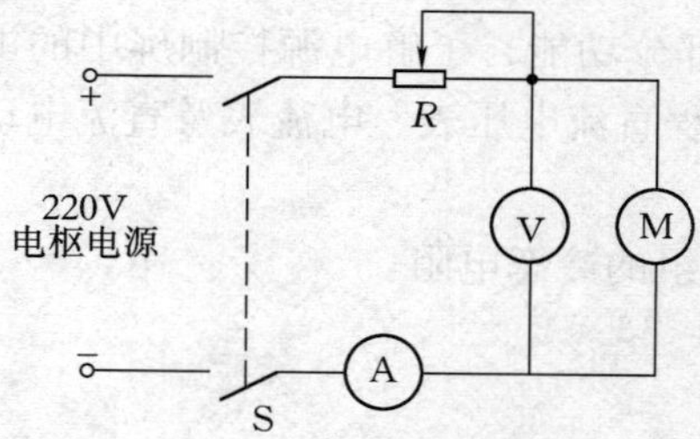

图 1－1 测电枢绕组直流电阻接线图

（2）经检查无误后接通电枢电源，并调至 220V。调节 R 使电枢电流达到 0.2A（如果电流太大，可能由于剩磁的作用使电机旋转，导致测量无法进行；如果此时电流太小，可能由于接触电阻产生较大的误差），迅速测取电机电枢两端电压 U 和电流 I。将电机分别旋转 1/3 和 2/3 周，同样测取 U、I 三组数据列于表 1－2 中（为减少测量误差，测取电枢电压要用 20V 小量程电压挡，可用万用表测量）。

（3）增大 R 使电流分别达到 0.15A 和 0.1A，用同样方法测取 6 组数据列于表 1－2 中。

取 3 次测量的平均值作为实际冷态电阻值

$$R_a = \frac{1}{3}(R_{a1} + R_{a2} + R_{a3})$$

$$R_{a1} = \frac{1}{3}(R_{a11} + R_{a12} + R_{a13}) \qquad R_{a2} = \frac{1}{3}(R_{a21} + R_{a22} + R_{a23})$$

$$R_{a3} = \frac{1}{3}(R_{a31} + R_{a32} + R_{a33})$$

表 1-2 数据记录表 室温________℃

<table>
<tr><th>序号</th><th>U（V）</th><th>I（A）</th><th colspan="2">R（平均）（Ω）</th><th>R_a（Ω）</th><th>R_{aref}（Ω）</th></tr>
<tr><td rowspan="3">1</td><td></td><td rowspan="3"></td><td>R_{a11} =</td><td rowspan="3">R_{a1} =</td><td rowspan="9"></td><td rowspan="9"></td></tr>
<tr><td></td><td>R_{a12} =</td></tr>
<tr><td></td><td>R_{a13} =</td></tr>
<tr><td rowspan="3">2</td><td></td><td rowspan="3"></td><td>R_{a21} =</td><td rowspan="3">R_{a2} =</td></tr>
<tr><td></td><td>R_{a22} =</td></tr>
<tr><td></td><td>R_{a23} =</td></tr>
<tr><td rowspan="3">3</td><td></td><td rowspan="3"></td><td>R_{a31} =</td><td rowspan="3">R_{a3} =</td></tr>
<tr><td></td><td>R_{a32} =</td></tr>
<tr><td></td><td>R_{a33} =</td></tr>
</table>

（4）计算基准工作温度时的电枢电阻。由实验直接测得电枢绕组电阻值，此值为实际冷态电阻值。冷态温度为室温。

按下式换算到基准工作温度时的电枢绕组电阻值：

$$R_{aref} = R_a \frac{235 + \theta_{ref}}{235 + \theta_a}$$

式中，R_{aref}——换算到基准工作温度时电枢绕组电阻（Ω）；

R_a——电枢绕组的实际冷态电阻（Ω）；

θ_{ref}——基准工作温度，对于 E 级绝缘为 75℃；

θ_a——实际冷态时电枢绕组的温度（℃）。

3. 直流仪表、转速表和变阻器的选择

直流仪表、转速表是根据电机的额定值和实验中可能达到的最大值来选择，变阻器根据实验要求来选用，并按电流的大小选择串联、并联或串并联的接法。

（1）电压量程的选择。如测量电动机两端为 220V 的直流电压，选用直流电压表为 300V 量程挡。

（2）电流量程的选择。因为直流并励电动机的额定电流为 1.25A，测量电枢电流的电表 PA_3 可选用直流电流表的 5A 量程挡；额定励磁电流小于 0.16A，电流表 PA_1 选用 200mA 量程挡。

（3）电机额定转速为 1500r/min，转速表选择为正向偏转。

（4）变阻器的选择。变阻器选用的原则是根据实验中所需的阻值和流过变阻器最大的电流来确定，电枢回路 R_1 可选用 DQ26 挂件的 1.3A 的 90Ω 与 90Ω 串联电阻，磁场回路 R_{f1} 可选用 DQ27 挂件的 0.41A 的 900Ω 与 900Ω 串联电阻。

注意： 本实验若需选择测取直流电动机输出转矩 T_2，应在测功机 MG 电枢回路中串入 DQ34 挂件，连接时应将测试箱上的电枢电流 I_a 的两根出线端红色插头接入图 1-2 中 PA_4

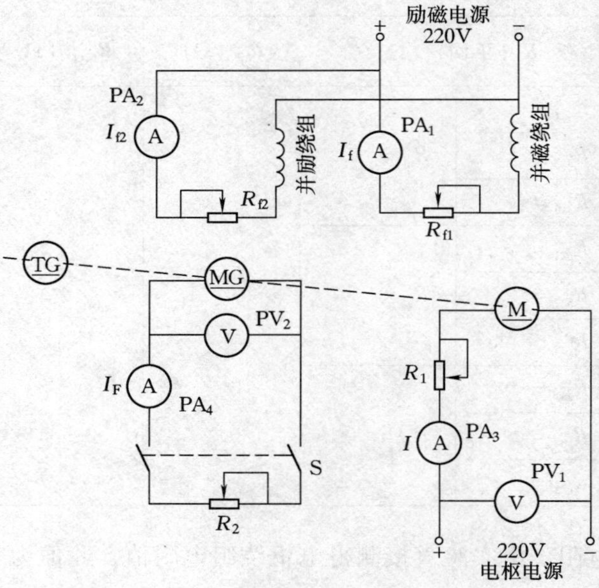

图 1－2　直流他励电动机接线

表出线端，黑色插头接开关板 S 端。

4. 直流他励电动机的启动准备

按图 1－2 所示接线。图中直流他励电动机 M 用 DQ09 的直流并励电动机（按他励方式接线），其额定功率 $P_N=185\text{W}$，额定电压 $U_N=220\text{V}$，额定电流 $I_N=1.25\text{A}$，额定转速 $n_N=1500\text{r/min}$，额定励磁电流 $I_{fFN}<0.16\text{A}$。校正直流测功机 MG 作为测功机使用，TG 为数显转速表。直流电流表选用 DQ22A、DQ22B 两只挂件。R_{f1} 用 DQ29 的 3750Ω 阻值作为直流他励电动机励磁回路串接的电阻。R_{f2} 选用 DQ27 的 1800Ω 阻值的变阻器作为 MG 励磁回路串接的电阻。R_1 选用 DQ29 的 185Ω 阻值作为直流他励电动机的启动电阻，R_2 选用 DQ26 的 90Ω 电阻 6 只串联和 DQ27 的 900Ω 与 900Ω 并联电阻相串联作为 MG 的负载电阻。接好线后，检查 M、MG 及 TG 之间是否用联轴器直接连接好。

5. 他励直流电动机启动步骤

（1）检查按图 1－2 所示的接线是否正确，电表的极性、量程选择是否正确，电动机励磁回路接线是否牢靠。然后，将电动机电枢串联启动电阻 R_1、测功机 MG 的负载电阻 R_2 及 MG 的磁场回路电阻 R_{f2} 调到阻值最大位置，M 的磁场调节电阻 R_{f1} 调到最小位置，断开开关 S，并断开控制屏下方右边的电枢电源开关，做好启动准备。

（2）开启控制屏上的电源总开关，按下其上方的“开”按钮，接通其下方左边的励磁电源开关，观察电动机 M 及测功机 MG 的励磁电流值，调节 R_{fa} 使 I_{f2} 等于校正值（100mA）并保持不变，再接通控制屏右下方的电枢电源开关，使 M 启动。

（3）M 启动后观察转速表的显示符号，应为正向偏转（若转速表显示为“－”号，应关断电枢电源和励磁电源，通过对调电动机的励磁绕组的两端头接线来纠正），同时调节控制屏上电枢电源“电压调节”旋钮，使电动机端电压为 220V。逐步减小启动电阻 R_1 阻值，直至短接。

（4）合上校正直流测功机 MG 的负载开关 S，调节 R_2 阻值，使 MG 的负载电流 I_F 改变，即直流电动机 M 的输出转矩 T_2 改变（可从智能转矩、转速、功率测试箱上直接测出电动机 M 不同的输出转矩 T_2 值）。

（5）调节他励电动机的转速，分别改变串入电动机 M 电枢回路的调节电阻 R_1 和励磁回路的调节电阻 R_{f1}，在保持负载转矩不变的情况下观察转速变化情况。

（6）改变电动机的转向，将电枢串联启动变阻器 R_1 的阻值调回到最大值，先切断控制屏上的电枢电源开关，然后切断控制屏上的励磁电源开关，使他励电动机停机。在断电情况下，将电枢绕组（或励磁绕组）的两端接线对调后，再按他励电动机的启动步骤启动电动机，并观察电动机的转向及转速表显示符号的变化。

六、注意事项

（1）直流他励电动机启动时，须将励磁回路串联的电阻 R_{f1} 调至最小，先接通励磁电源，使励磁电流最大，同时必须将电枢串联启动电阻 R_1 调至最大，然后方可接通电枢电源，使电动机正常启动。启动后，将启动电阻 R_1 调至零，使电机正常工作。

（2）直流他励电动机停机时，必须先切断电枢电源，然后断开励磁电源。同时必须将电枢串联的启动电阻 R_1 调回到最大值，励磁回路串联的电阻 R_{f1} 调回到最小值，为下次启动做好准备。

（3）测量前注意仪表的量程、极性及其接法，是否符合要求。

（4）若要测量电动机的转矩 T_2，必须将校正直流测功机 MG 的励磁电流调整到校正值 100mA，然后可从智能转矩、转速、功率测试箱上直接测出电动机 M 的输出转矩。

（5）实验中若使用 DQ34 智能转矩、转速、功率测试箱，要注意必须将测试箱上的红色插头串接在测功机电枢回路中电流表的出线端，黑色插头接 DQ31 开关板的 S 端。

（6）实验中若须改接线路，必须先切断励磁电源后才能进行改接；否则易损坏仪表。

七、实验报告

（1）画出直流他励电动机电枢串电阻启动的接线图。说明电动机启动时，启动电阻 R_1 和磁场调节电阻 R_{f1} 应调到什么位置？为什么？

（2）在电动机轻载及额定负载时，增大电枢回路的调节电阻，电机的转速如何变化？增大励磁回路的调节电阻，转速又如何变化？

（3）用什么方法可以改变直流电动机的转向？

（4）为什么要求直流他励电动机磁场回路的接线要牢靠？为什么启动时电枢回路必须串联启动变阻器？

实验二　直流发电机

一、实验目的

（1）掌握用实验方法测定直流发电机的各种运行特性，并根据所测得的运行特性评定该被测试电机的有关性能。

（2）通过实验观察并励发电机的自励过程和自励条件。

二、预习要点

（1）什么是发电机的运行特性？在求取直流发电机的特性曲线时，哪些物理量应保持不变？哪些物理量应测取？

（2）做空载特性实验时，励磁电流为什么必须保持单方向调节？

（3）并励发电机的自励条件有哪些？当发电机不能自励时应如何处理？

（4）如何确定复励发电机是积复励还是差复励？

三、实验项目

1. 他励发电机实验

（1）测空载特性。保持 $n=n_N$，使 $I_L=0$，测取 $U_0=f(I_f)$。

（2）测外特性。保持 $n=n_N$，使 $I_f=I_{fN}$，测取 $U=f(I_L)$。

（3）测调节特性。保持 $n=n_N$，使 $U=U_N$，测取 $I_f=f(I_L)$。

2. 并励发电机实验

（1）观察自励过程。

（2）测外特性。保持 $n=n_N$，使 $R_{f2}=$ 常数，测取 $U=f(I_L)$。

3. 复励发电机实验

积复励发电机外特性。保持 $n=n_N$，使 $R_{f2}=$ 常数，测取 $U=f(I_L)$。

四、实验设备及挂件排列顺序

1. 实验设备

实验设备如表 2－1 所示。

2. 屏上挂件排列顺序

其排列顺序为 DQ22A、DQ29、DQ22B、DQ27、DQ31。

五、实验方法

1. 他励直流发电机

按图 2－1 所示接线。图中直流发电机 G 选用 DQ07，其额定值 $P_N=110\text{W}$，$U_N=200\text{V}$，

表 2-1 实验设备

序号	型号	名称	数量
1	DQ03	导轨、测速发电机及转速表	1 件
2	DQ19	校正直流测功机	1 件
3	DQ07	直流复励发电机	1 件
4	DQ22A、DQ22B	直流电压表、毫安表、安培表	2 件
5	DQ29	可调电阻器	1 件
6	DQ31	波形测试及开关板	1 件
7	DQ27	三相可调电阻器	1 件

$I_N=0.55A$，$n_N=1500r/min$。校正直流测功机 MG 作为 G 的原动机（按他励电动机接线）。MG、G 及 TG 由联轴器直接连接。开关 S 选用 DQ31 组件。R_{f1} 选用 DQ29 的 3750Ω 变阻器，R_{f2} 选用 DQ27 的 900Ω 变阻器，并采用分压器接法。R_1 选用 DQ29 的 185Ω 变阻器。R_2 为发电机的负载电阻选用 DQ27，采用串并连接法（900Ω 与 900Ω 电阻串联加上 900Ω 与 900Ω 并联），阻值为 2250Ω。当负载电流大于 0.4A 时用并联部分，而将串联部分阻值调到最小并用导线短接。直流电流表、电压表选用 DQ22A 和 DQ22B，并选择合适的量程。

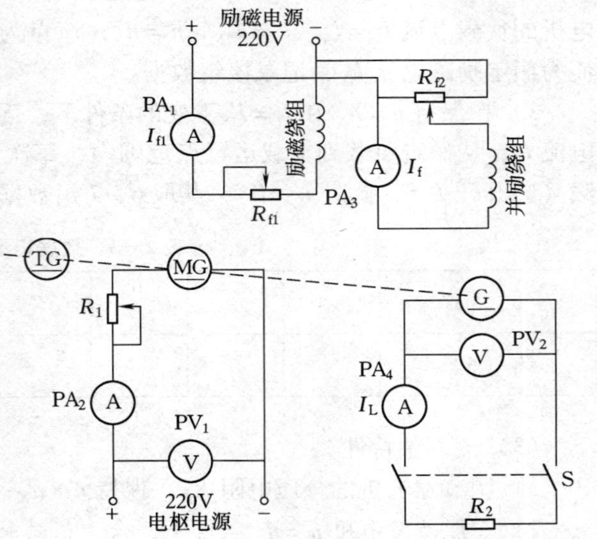

图 2-1 直流他励发电机接线

（1）测空载特性。

1）把发电机 G 的负载开关 S 断开，接通控制屏上的励磁电源开关，将 R_{f2} 调至使 G 励磁电压为最小的位置。

2）使 MG 电枢串联启动电阻 R_1 阻值达到最大，R_{f1} 阻值最小。仍先接通控制屏下方左边的励磁电源开关，在观察到 MG 的励磁电流为最大的条件下，再接通控制屏下方右边的电枢电源开关，合上开关 S 启动直流电动机 MG，其旋转方向应符合正向旋转的要求。

3）电动机 MG 启动正常运转后，将 MG 电枢串联电阻 R_1 调至最小值，将 MG 的电枢电源电压调为 220V，调节电动机磁场调节电阻 R_{f1}，使发电机转速达额定值，并在以后整个实验过程中始终保持此额定转速不变。

4）调节发电机励磁分压电阻 R_{f2}，使发电机空载电压达 $U_0=1.2U_N$ 为止。

5）在保持 $n=n_N=1500r/min$ 条件下，从 $U_0=1.2U_N$ 开始，单方向调节分压器电阻

R_{f2}使发电机励磁电流逐次减小，每次测取发电机的空载电压 U_0 和励磁电流 I_f，直至 $I_f=0$（此时测得的电压即为电机的剩磁电压）。

6）测取数据时 $U_0=U_N$ 和 $I_f=0$ 两点必测，并在 $U_0=U_N$附近测点应较密。

7）共测取 7、8 组数据，记入表 2－2 中。

表 2－2　数据记录表　　$n=n_N=1500\text{r/min}$，$I_L=0$

U_0（V）									
I_f（mA）									

（2）测外特性。

1）把发电机负载电阻 R_2 调到最大值，合上负载开关 S。

2）同时调节电动机的磁场调节电阻 R_{f1}、发电机的分压电阻 R_{f2}和负载电阻 R_2，使发电机的负载电流 $I_L=I_N$，$U=U_N$，$n=n_N$，该点为发电机的额定运行点，其对应的励磁电流为额定励磁电流 I_{fN}，记录该组数据。

3）在保持 $n=n_N$ 和 $I_f=I_{fN}$不变的条件下，逐次增加负载电阻 R_2，即减小发电机负载电流 I_L，从额定负载到空载运行点范围内，每次测取发电机的电压 U 和电流 I_L，直到空载（断开开关 S，此时 $I_L=0$），共取 6、7 组数据，记入表 2－3 中。

表 2－3　数据记录表　　$n=n_N=$____ r/min，$I_f=I_{fN}=$____ mA

U（V）									
I_L（A）									

（3）测调整特性。

1）调节发电机的分压电阻 R_{f2}，保持 $n=n_N$，使发电机空载达额定电压。

2）在保持发电机 $n=n_N$ 条件下，合上负载开关 S，调节负载电阻 R_2，逐次增加发电机输出电流 I_L，同时相应调节发电机励磁电流 I_f，使发电机端电压保持额定值 $U=U_N$。

3）从发电机的空载至额定负载范围内每次测取发电机的输出电流 I_L 和励磁电流 I_f，共取 6、7 组数据记入表 2－4 中。

表 2－4　数据记录表　　$n=n_N=$____ r/min，$U=U_N=$____ V

I_L（A）									
I_f（mA）									

2. 并励发电机实验

（1）观察自励过程。

1）电机 MG 停机时必须先切断电枢电源，然后断开励磁电源，在断电的条件下将发电机 G 的励磁方式从他励改为并励，接线如图 2－2 所示。R_{f2} 选用 DQ27 的 900Ω 电阻两只相串联并调至最大阻值，断开开关 S。

2）在 R_1 阻值调至最大、R_{f1} 阻值调至最小、R_2 断开的条件下，合上励磁、电枢电源开关，启动电动机，调节电动机的转速，使发电机的转速 $n=n_N$，用直流电压表测量发电机是否有剩磁电压，若无剩磁电压，可将并励绕组改接成他励方式进行充磁。

3）合上开关 S 逐渐减小 R_{f2}，观察发电机电枢两端的电压，若电压逐渐上升，说明满足自励条件。如果不能自励建压，将励磁回路的两个端头对调连接即可。

4）对应着一定的励磁电阻，逐步降低发电机转速，使发电机电压随之下降，直至电压不能建立，此时的转速即为临界转速。

（2）测外特性。

1）按图 2－2 所示接线。调节负载电阻 R_2 达到最大，合上负载开关 S。

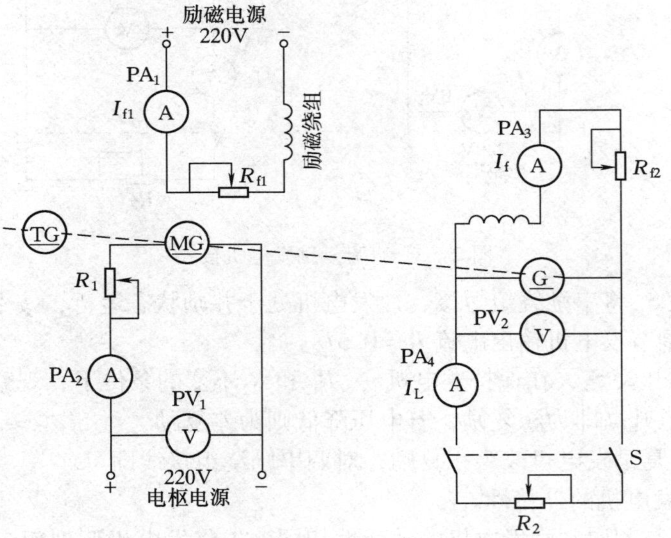

图 2－2　直流并励发电机接线

2）调节电动机的磁场调节电阻 R_{f1}、发电机的磁场调节电阻 R_{f2} 和负载电阻 R_2，使发电机的转速、输出电压和电流三者均达额定值，即 $n=n_N$，$U=U_N$，$I_L=I_N$。

3）保持此时 R_{f2} 的值和 $n=n_N$ 不变，逐次减小负载，直至 $I_L=0$，从额定到空载运行范围内每次测取发电机的电压 U 和电流 I_L。

4）共取 6、7 组数据，记入表 2－5 中。

表 2－5　数据记录表　　$n=n_N=$____ r/min，$R_{f2}=$常值

***U*（V）**									
***I*$_L$（A）**									

3. 复励发电机实验

（1）积复励和差复励的判别。

1）接线如图 2-3 所示，R_{f2}选用 DQ27 的 1800Ω 阻值。C_1、C_2 为串励绕组。

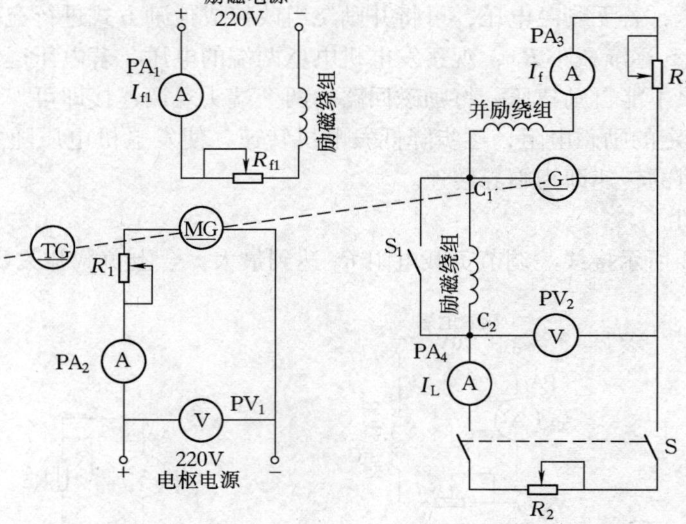

图 2-3 直流复励发电机接线

2）合上开关 S_1 将串励绕组短接，使发电机处于并励状态运行，按上述并励发电机外特性试验方法，调节发电机输出电流 $I_L=0.5I_N$。

3）打开短路开关 S_1，在保持发电机 n、R_{f2}和 R_2不变的条件下，观察发电机端电压的变化，若此时电压升高即为积复励，若电压降低则为差复励。

4）如要把差复励发电机改为积复励，对调串励绕组接线即可。

（2）积复励发电机的外特性。

1）实验方法与测取并励发电机的外特性相同。先将发电机调到额定运行点，$n=n_N$，$U=U_N$，$I_L=I_N$。

2）保持此时的 R_{f2}和 $n=n_N$ 不变，逐次减小发电机负载电流，直至 $I_L=0$。

3）从额定负载到空载范围内，每次测取发电机的电压 U 和电流 I_L，共取 6、7 组数据，记入表 2-6 中。

表 2-6 数据记录表 $n=n_N=$____ r/min，$R_{f2}=$常数

U（V）									
I_L（A）									

六、注意事项

（1）直流电动机 MG 启动时，要注意须将 R_1调到最大，R_{f1}调到最小，先接通励磁电

源，观察到励磁电流 I_{f1} 为最大后，接通电枢电源，MG 启动运转。启动完毕，应将 R_1 调到最小。

（2）做外特性时，当电流超过 0.4A 时，R_2 中串联的电阻调至零并用导线短接，以免电流过大引起变阻器损坏。

七、实验报告

（1）根据空载实验数据，作出空载特性曲线，由空载特性曲线计算出被测试电机的饱和系数和剩磁电压的百分数。

（2）在同一坐标纸上绘出他励、并励和复励发电机的 3 条外特性曲线。分别算出 3 种励磁方式的电压变化率：$\Delta U\% = \frac{U_0 - U_N}{U_N}100\%$，并分析差异原因。

（3）绘出他励发电机调整特性曲线，分析在发电机转速不变的条件下，为什么负载增加时，要保持端电压不变？必须增加励磁电流的原因是什么？

八、思考题

（1）并励发电机不能建立电压有哪些原因？

（2）在发电机—电动机组成的机组中，当发电机负载增加时，为什么机组的转速会变低？为了保持发电机的转速 $n = n_N$，应如何调节？

实验三　直流并励电动机

一、实验目的

（1）掌握用实验方法测取直流并励电动机的工作特性和机械特性。
（2）掌握直流并励电动机的调速方法。

二、预习要点

（1）什么是直流电动机的工作特性和机械特性？
（2）直流电动机调速原理是什么？

三、实验项目

1. 工作特性和机械特性
保持 $U=U_N$ 和 $I_f=I_{fN}$ 不变，测取 n、T_2、$\eta=f(I_a)$、$n=f(T_2)$。
2. 调速特性
（1）改变电枢电压调速。保持 $U=U_N$，$I_f=I_{fN}=$ 常数，$T_2=$ 常数，测取 $n=f(U_a)$。
（2）改变励磁电流调速。保持 $U=U_N$，$T_2=$ 常数，测取 $n=f(I_f)$。
（3）观察能耗制动过程。

四、实验方法

1. 实验设备
实验设备如表 3-1 所示。

表 3-1　实验设备

序号	型号	名称	数量
1	DQ03	导轨、测速发电机及转速表	1 台
2	DQ19	校正直流测功机	1 台
3	DQ09	直流并励电动机	1 台
4	DQ22A、DQ22B	直流电压表、毫安表、电流表	2 件
5	DQ27	三相可调电阻器	1 件
6	DQ29	可调电阻器	1 件
7	DQ31	波形测试及开关板	1 件
8	DQ34	智能转矩、转速、功率测试箱	1 件

2. 屏上挂件排列顺序

其排列顺序为 DQ22A、DQ27、DQ31、DQ22B、DQ29、DQ34。

3. 并励电动机的工作特性和机械特性

（1）按图 3-1 所示接线。校正直流测功机 MG 按他励发电机连接，在此作为直流电动机 M 的负载，用于测量电动机的转矩和输出功率。R_{f1}选用 DQ29 的 3750Ω 阻值。R_{f2}选用 DQ27 的 900Ω 串联 900Ω 共 1800Ω 阻值。R_1选用 DQ29 的 185Ω 阻值，R_2 选用 DQ27 的 900Ω 串联 900Ω 再加 900Ω 并联 900Ω 共 2250Ω 阻值。

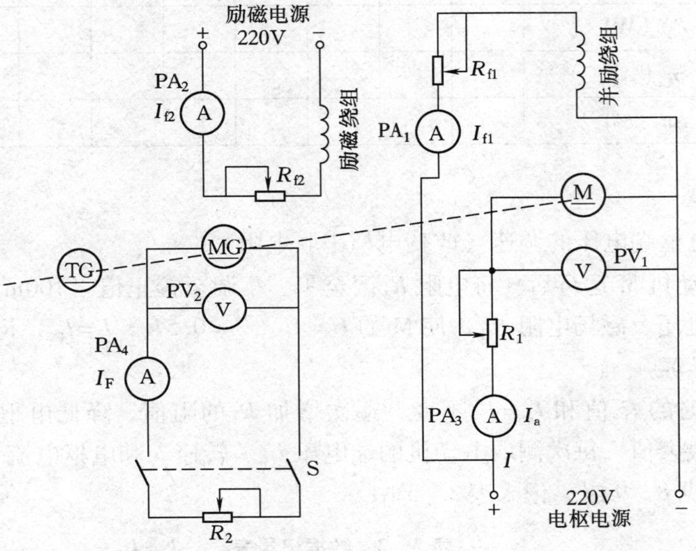

图 3-1 直流并励电动机接线

注意：本实验若需测取电动机输出转矩 T_2，应在 MG 电枢回路中串入 DQ34 挂件，连接时将测试箱上的电枢电流 I_a 的两根出线端红色插头接入图 3-1 中 PA_4 表出线端，黑色插头接开关板 S 端。

（2）断开开关 S，将直流并励电动机 M 的磁场调节电阻 R_{f1}调至最小值，电枢串联启动电阻 R_1调至最大值，负载电阻 R_2 调至最大值，接通控制屏左下方的励磁电源，再接通控制屏右下方的电枢电源开关使其启动，其旋转方向应符合转速表正向旋转的要求。

（3）M 启动正常后，将其电枢串联电阻 R_1调至零，调节电枢电源的电压为 220V，调节校正直流测功机的励磁电流 I_{f2}为校正值（100mA），再调节其负载电阻 R_2 和电动机的磁场调节电阻 R_{f1}，使电动机工作在额定运行点，即：$U=U_N$，$I=I_N$，$n=n_N$。此时 M 的励磁电流 I_f 即为额定励磁电流 I_{fN}。

（4）保持 $U=U_N$，$I_f=I_{fN}$，I_{f2}为校正值（100mA）不变的条件下，逐次减小电动机负载。测取电动机电枢输入电流 I_a、转速 n 和校正电机的负载电流 I_F 及电动机的输出转矩 T_2（从智能转矩测试箱上可直接测出电动机的输出转矩 T_2）。共取数据 9、10 组，记入表 3-2 中。

表 3-2 数据记录表

$U = U_N =$____V，$I_f = I_{fN} =$____mA，$I_{f2} =$____mA

实验数据	I_a（A）										
	n（r/min）										
	I_F（A）										
	T_2（N·m）										
计算数据	P_2（W）										
	P_1（W）										
	η（%）										
	Δn（%）										

4. 调速特性

（1）改变电枢端电压的调速（改变电枢串联电阻）。

1）直流电动机 M 运行后，将电阻 R_1 调至零，I_{f2} 调至校正值（100mA），再调节负载电阻 R_2、电枢电压及磁场电阻 R_{f1}，使 M 的 $U = U_N$，I = 0.5I_N，$I = I_{fN}$，记下此时 MG 的 I_F 值（或测功机 T_2）。

2）保持此时的 I_F 值和 $I_f = I_{fN}$ 不变，逐次增加 R_1 的阻值，降低电枢两端的电压 U_a，使 R_1 从零调至最大值，每次测取电动机的端电压 U_a、转速 n 和电枢电流 I_a。

3）共取数据 8、9 组，记入表 3-3 中。

表 3-3 数据记录表 $I_f = I_{fN} =$____mA，$T_2 =$____N·m

U_a（V）									
n（r/min）									
I_a（A）									

（2）改变励磁电流的调速。

1）直流电动机运行后，将 M 的电枢串联电阻 R_1 和磁场调节电阻 R_{f1} 调至零，将 MG 的磁场调节电阻 R_{f2} 调至校正值，再调节 M 的电枢电源调压旋钮和 MG 的负载，使电动机 M 的 $U = U_N$，$I = 0.5I_N$，记下此时的 I_F 值（或保持 T_2 恒定）。

2）保持此时 MG 的 I_F 值（T_2 值）和 M 的 $U = U_N$ 不变，逐次增加磁场电阻阻值，直至 $n = 1.3n_N$，每次测取电动机的 n、I_f 和 I_a。共取 7、8 组数据，记入表 3-4 中。

（3）能耗制动。

1）实验设备，如表 3-5 所示。

2）屏上挂件排列顺序为 DQ22A、DQ27、DQ31、DQ26、DQ22B、DQ29。

表 3-4　数据记录表　$U=U_N=$____V，$T_2=$____N·m

n（r/min）										
I_f（mA）										
I_a（A）										

表 3-5　实验设备

序号	型号	名称	数量
1	DQ03	导轨、测速发电机及转速表	1 台
2	DQ19	校正直流测功机	1 台
3	DQ09	直流并励电动机	1 台
4	DQ22A、DQ22B	直流电压表、毫安表、安培表	2 件
5	DQ26	三相可调电阻器	1 件
6	DQ27	三相可调电阻器	1 件
7	DQ29	可调电阻器	1 件
8	DQ31	波形测试及开关板	1 件

3）按图 3-2 所示接线，先把 S_1 合向 2 端，合上控制屏下方右边的电枢电源开关，把 M 的 R_{f1} 调至零，使电动机的励磁电流最大。

4）把 M 的电枢串联启动电阻 R_1 调至最大，把 S_1 合至电枢电源，使电动机启动，能耗制动电阻 R_L 选用 DQ26 上 180Ω 阻值。

5）运转正常后，从 S_1 任一端拔出一根导线插头，使电枢开路。由于电枢开路，电机处于自由停机状态，记录停机时间。

6）重复启动电动机，待运转正常后，把 S_1 合向 R_L 端，记录停机时间。

7）选择 R_L 不同的阻值，观察对停机时间的影响。

五、实验报告

（1）由表 3-2 所示计算出 P_2 和 η，并给出 n、T_2、$\eta=f(I_a)$ 及 $n=f(T_2)$ 的特性曲线。

电动机输出功率：　$P_2=0.105nT_2$

式中输出转矩 T_2 的单位为 N·m（T_2 可从转矩测试箱上直接测得），转速 n 的单位为 r/min。

电动机输入功率：　$P_1=UI$

输入电流：　$I=I_a+I_{fN}$

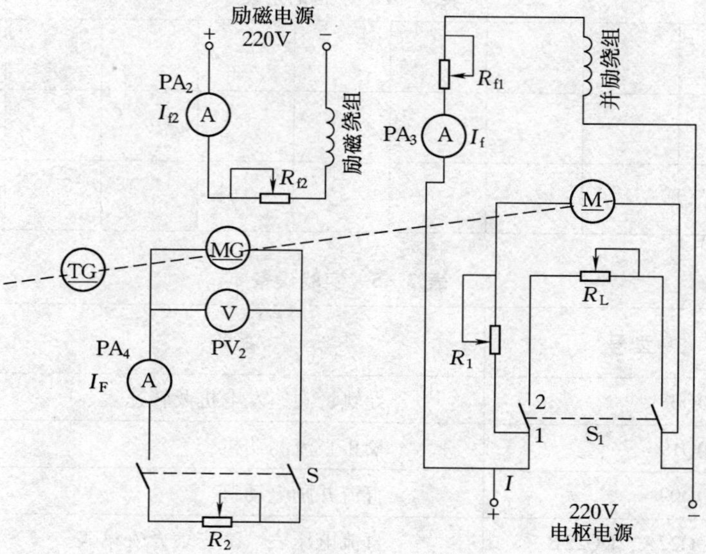

图 3-2 并励电动机能耗制动接线

电动机效率：
$$\eta = \frac{P_2}{P_1} \times 100\%$$

由工作特性求出转速变化率：$\Delta n\% = \frac{n_0 - n_N}{n_N} \times 100\%$

（2）绘出并励电动机调速特性曲线 $n = f(U_a)$ 和 $n = f(I_f)$。分析在恒转矩负载时两种调速的电枢电流变化规律以及两种调速方法的优、缺点。

（3）能耗制动时间与制动电阻 R_L 的阻值有什么关系？为什么？该制动方法有什么缺点？

六、思考题

（1）并励电动机的速率特性 $n = f(I_a)$ 为什么是略微下降？是否会出现上翘现象？为什么？上翘的速率特性对电动机运行有何影响？

（2）当电动机的负载转矩和励磁电流不变时，减小电枢端电压，为什么会引起电动机转速降低？

（3）当电动机的负载转矩和电枢端电压不变时，减小励磁电流会引起转速的升高，为什么？

（4）并励电动机在负载运行中，当磁场回路断线时是否一定会出现“飞车”现象？为什么？

实验四　单 相 变 压 器

一、实验目的

(1) 通过空载和短路实验测定变压器的变比和参数。

(2) 通过负载实验测取变压器的运行特性。

二、预习要点

(1) 变压器的空载和短路实验有什么特点？实验中电源电压一般加在哪一方较合适？

(2) 在空载和短路实验中，各种仪表应怎样连接才能使测量误差最小？

(3) 如何用实验方法测定变压器的铁耗及铜耗。

三、实验项目

1. 空载实验

测取空载特性，$U_0=f(I_0)$，$P_0=f(U_0)$，$\cos\varphi_0=f(U_0)$。

2. 短路实验

测取短路特性，$U_K=f(I_K)$，$P_K=f(I_K)$，$\cos\varphi_K=f(I_K)$。

3. 负载实验

(1) 纯电阻负载。保持 $U_1=U_N$，$\cos\varphi_2=1$ 的条件下，测取 $U_2=f(I_2)$。

(2) 阻感性负载。保持 $U_1=U_N$，$\cos\varphi_2=0.8$ 的条件下，测取 $U_2=f(I_2)$。

四、实验方法

1. 实验设备

实验设备如表 4-1 所示。

表 4-1　实验设备

序号	型号	名称	数量
1	DQ24	交流电压表	1 件
2	DQ23	交流电流表	1 件
3	DQ25	单三相智能功率、功率因数表	1 件
4	DQ05	三相组式变压器	1 件
5	DQ27	三相可调电阻器	1 件
6	DQ28	三相可调电抗器	1 件
7	DQ31	波形测试及开关板	1 件

2. 屏上排列顺序

其排列顺序为 DQ24、DQ23、DQ25、DQ05、DQ27、DQ31、DQ28。

3. 空载实验

(1) 在三相调压交流电源断电的条件下，按图 4－1 所示接线。被测变压器选用三相组式变压器 DQ05 中的一只作为单相变压器，其额定容量 $P_N=77W$，$U_{1N}/U_{2N}=220/67V$，$I_{1N}/I_{2N}=0.35/1.15A$。变压器的低压线圈 a、x 接电源，高压线圈 A、X 开路。

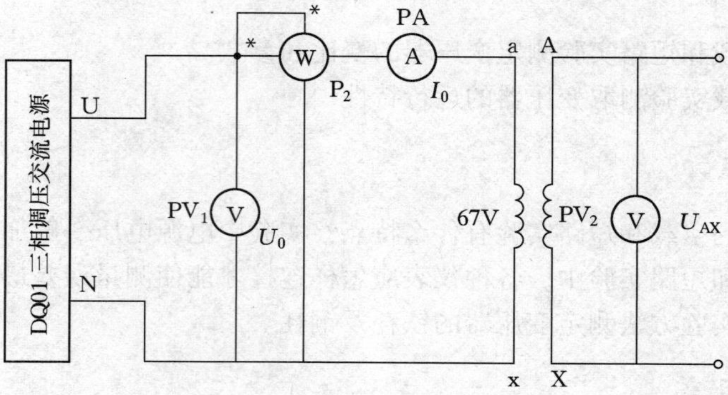

图 4－1　空载实验接线

(2) 选好所有电表量程。将控制屏左侧调压器旋钮向逆时针方向旋转到底，即将其调到输出电压为零的位置。

(3) 合上交流电源总开关，按下“开”按钮，便接通了三相交流电源。调节三相调压器旋钮，使变压器空载电压 $U_0=1.2U_N$，然后逐次降低电源电压，在 $(1.2\sim0.2)U_N$ 的范围内，测取变压器的 U_0、I_0、P_0。

(4) 测取数据时，$U=U_N$ 点必须测，并在该点附近测的点较密，共测取数据 7、8 组，记入表 4－2 中。

表 4－2　数据记录表

序号	实验数据				计算数据
	U_0 (V)	I_0 (A)	P_0 (W)	U_{AX} (V)	$\cos\varphi_0$

(5) 为了计算变压器的变比，在 U_N 以下测取原边电压的同时测出副边电压数据也记入表 4-2 中。

4. 短路实验

(1) 按下控制屏上的“关”按钮，切断三相调压交流电源，按图 4-2 所示接线（以后每次改接线路，都要关断电源）。将变压器的高压线圈接电源，低压线圈直接短路。

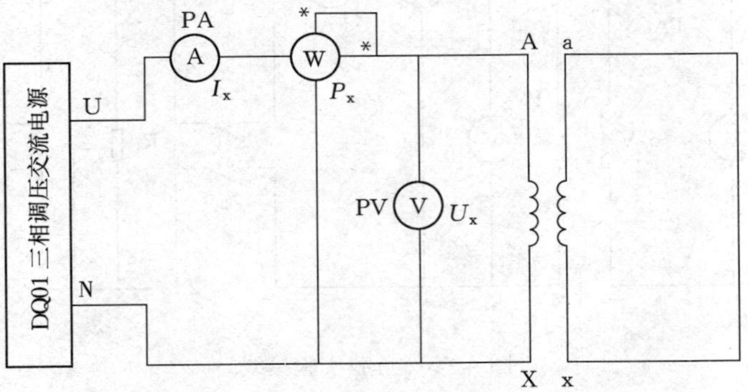

图 4-2 短路实验接线

(2) 选好所有电表量程，将交流调压器旋钮调到输出电压为零的位置。

(3) 接通交流电源，逐次缓慢增加输入电压，直到短路电流等于 $1.1I_N$ 为止，在 $(0.2\sim1.1)I_N$ 范围内测取变压器的 U_K、I_K、P_K。

(4) 测取数据时，$I_K=I_N$ 点必须测，共测取数据 6、7 组记入表 4-3 中。实验时记下周围环境温度（℃）。

表 4-3 数据记录表 室温____℃

序号	实验数据			计算数据
	U_K (V)	I_K (A)	P_K (W)	$\cos\varphi_K$

5. 负载实验

实验线路如图4-3所示。变压器低压线圈接电源，高压线圈经过开关S_1和S_2，接到负载电阻R_L和电抗X_L上。R_L选用DQ27上900Ω加上900Ω共1800Ω阻值，X_L选用DQ28，功率因数表选用DQ25，开关S_1和S_2选用DQ31挂箱。

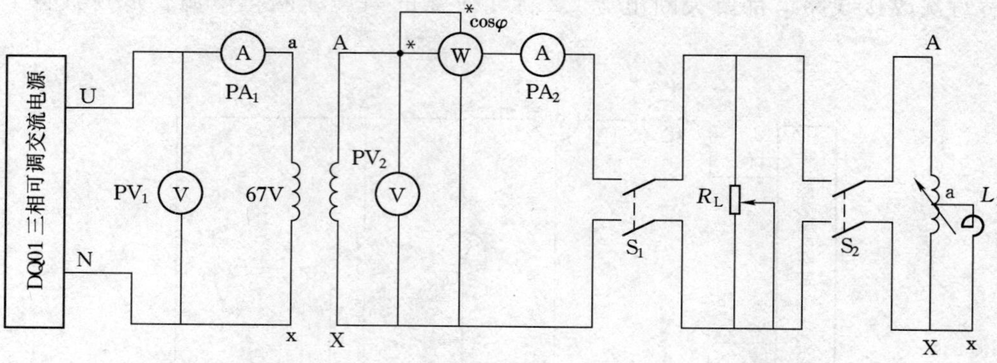

图4-3 负载实验接线

（1）将调压器旋钮调到输出电压为零的位置，S_1、S_2断开，负载电阻值调到最大。

（2）接通交流电源，逐渐升高电源电压，使变压器输入电压$U_1=U_N$。

（3）保持$U_1=U_N$，合上S_1，逐渐增加负载电流，即减小负载电阻R_L的值，从空载到额定负载的范围内，测取变压器的输出电压U_2和电流I_2。

（4）测取数据时，$I_2=0$和$I_2=I_{2N}=0.35$A必测，共取数据6、7组，记入表4-4中。注意，电抗器的a端是可调端，故接线时应将S_2直接并接在a、x端才能调节电抗值。

表4-4 数据记录表 $\cos\varphi_2=1$，$U_1=U_N=$____V

序号							
U_2（V）							
I_2（A）							

1）纯电阻负载。

2）阻感性负载（$\cos\varphi_2=0.8$）。

①用电抗器X_L和R_L并联作为变压器的负载，S_1、S_2断开，电阻及电抗值调至最大。

②接通交流电源，升高电源电压至$U_1=U_{1N}$。

③合上S_1、S_2，在保持$U_1=U_N$及$\cos\varphi_2=0.8$的条件下，逐渐增加负载电流，从空载到额定负载的范围内，测取变压器U_2和I_2。

④测取数据时，其$I_2=0$，$I_2=I_{2N}$两点必测，共测取数据6、7组记入表4-5中。

表 4-5 数据记录表 $\cos\varphi_2=0.8$，$U_1=U_N=$____ V

序号							
U_2（V）							
I_2（A）							

五、注意事项

（1）在变压器实验中，应注意电压表、电流表、功率表的合理布置及量程选择。

（2）短路实验操作要快，否则线圈发热会引起电阻变化。

（3）在阻感负载实验中，增加负载电流时 $\cos\varphi_2$ 要发生变化，为保持 $\cos\varphi_2$ 不变，必须同时调节电抗和电阻值。

六、实验报告

1. 计算变比

由空载实验测变压器的原、副边电压的数据，分别计算出变比，然后取其平均值作为变压器的变比 K。

$$K = U_{AX}/U_{ax}$$

2. 绘出空载特性曲线和计算励磁参数

（1）绘出空载特性曲线。$U_0=f(I_0)$，$P_0=f(U_0)$，$\cos\varphi_0=f(U_0)$，即：

$$\cos\varphi_0 = \frac{P_0}{U_0 I_0}$$

（2）计算励磁参数。从空载特性曲线上查出对应于 $U_0=U_N$ 时的 I_0 和 P_0 值，并由下式计算出励磁参数：

$$r_m = \frac{P_0}{I_0^2}$$

$$Z_m = \frac{U_0}{I_0}$$

$$X_m = \sqrt{Z_m^2 - r_m^2}$$

3. 绘出短路特性曲线和计算短路参数

（1）绘出短路特性曲线。$U_K=f(I_K)$、$P_K=f(I_K)$、$\cos\varphi_K=f(I_K)$。

（2）计算短路参数。从短路特性曲线上查出对应于短路电流 $I_K=I_N$ 时的 U_K 和 P_K 值，由下式计算出实验环境温度为 θ（℃）时的短路参数：

$$Z'_K = \frac{U_K}{I_K}$$

$$r'_{K} = \frac{P_{K}}{I_{K}^{2}}$$

$$X'_{K} = \sqrt{Z_{K}^{2} - r_{K}^{2}}$$

折算到低压方：

$$Z_{K} = \frac{Z'_{K}}{K^{2}}$$

$$r_{K} = \frac{r'_{K}}{K^{2}}$$

$$X_{K} = \frac{X'_{K}}{K^{2}}$$

由于短路电阻 r_{K} 随温度变化，因此，算出的短路电阻应按国家标准换算到基准工作温度75℃时的阻值。

$$r_{K75℃} = r_{K\theta}\frac{234.5 + 75}{234.5 + \theta}$$

$$Z_{K75℃} = \sqrt{r_{K75℃}^{2} + X_{K}^{2}}$$

式中，234.5为铜导线的常数，若用铝导线常数应改为228。

计算短路电压（阻抗电压）百分数：

$$u_{K} = \frac{I_{N}Z_{K75℃}}{U_{N}} \times 100\%$$

$$u_{Kr} = \frac{I_{N}r_{K75℃}}{U_{N}} \times 100\%$$

$$u_{KX} = \frac{I_{N}X_{K}}{U_{N}} \times 100\%$$

$I_{K} = I_{N}$ 时，短路损耗 $P_{KN} = I_{N}^{2}r_{K75℃}$。

4. 画等效电路图

利用空载和短路实验测定的参数，画出被测试变压器折算到低压方的T形等效电路。

5. 变压器的电压变化率 Δu

（1）绘出 $\cos\varphi_{2} = 1$ 和 $\cos\varphi_{2} = 0.8$ 两条外特性曲线 $U_{2} = f(I_{2})$，由特性曲线计算出 $I_{2} = I_{2N}$ 时的电压变化率：

$$\Delta u = \frac{U_{20} - U_{2}}{U_{20}} \times 100\%$$

（2）根据实验求出的参数，算出 $I_{2} = I_{2N}$、$\cos\varphi_{2} = 1$ 和 $I_{2} = I_{2N}$、$\cos\varphi_{2} = 0.8$ 时的电压变化率 Δu，即：

$$\Delta u = u_{Kr}\cos\varphi_{2} + u_{KX}\sin\varphi_{2}$$

将两种计算结果进行比较，并分析不同性质的负载对变压器输出电压 U_{2} 的影响。

6. 绘出被测试变压器的效率特性曲线

（1）用间接法算出 $\cos\varphi_{2} = 0.8$ 不同负载电流时的变压器效率，记入表4-6中。

$$\eta = \left(1 - \frac{P_0 + I_2^{*2} P_{KN}}{I_2^* P_N \cos\varphi_2 + P_0 + I_2^{*2} P_{KN}}\right) \times 100\%$$

$$I_2^* P_N \cos\varphi_2 = P_2(\mathrm{W})$$

式中：P_{KN}——变压器 $I_K = I_N$ 时的短路损耗（W）；

P_0——变压器 $U_0 = U_N$时的空载损耗（W）；

I_2^*——副边电流标么值，$I_2^* = I_2/I_{2N}$。

表 4-6 数据记录表

$\cos\varphi_2 = 0.8$，$P_0 =$ ____ W，$P_{KN} =$ ____ W

I_2^*	P_2（W）	η	I_2^*	P_2（W）	η
0.2			0.8		
0.4			1.0		
0.6			1.2		

（2）由计算数据绘出变压器的效率曲线 $\eta = f(I_2^*)$。

（3）计算被测试变压器 $\eta = \eta_{max}$时的负载系数 β_m：

$$\beta_m = \sqrt{\frac{P_0}{P_{KN}}}$$

实验五　三相变压器的联结组别和不对称短路

一、实验目的

（1）掌握用实验方法测定三相变压器的极性。

（2）掌握用实验方法判别变压器的联结组别。

*（3）研究三相变压器不对称短路。

*（4）观察三相变压器不同绕组联结组别和不同铁心结构对空载电流和电势波形的影响。

二、预习要点

（1）联结组别的定义。为什么要研究联结组别？国家规定的标准联结组别有哪几种？

（2）如何把 Y，y_0 联结组别改成 Y，y6 联结组别以及把 Y，d11 改为 Y，d5 联结组别？

（3）在不对称短路情况下，哪种连接的三相变压器电压中点偏移较大？

（4）三相变压器绕组的连接法和磁路系统对空载电流和电势波形的影响。

三、实验项目

（1）测定极性。

（2）连接并判定以下联结组别：Y，yn0；Y，y6；Y，d11；Y，d5。

*（3）不对称短路：Y，yn0 单相短路；Y，y0 两相短路。

*（4）测定 Y，yn 连接的变压器的零序阻抗。

*（5）观察不同连接法和不同铁心结构对空载电流和电势波形的影响。

四、实验方法

1. 实验设备

实验设备如表 5－1 所列。

表 5－1　实验设备

序号	型号	名称	数量
1	DQ24	交流电压表	1 件
2	DQ23	交流电流表	1 件
3	DQ25	单三相智能功率、功率因数表	1 件
4	DQ05	三相组式变压器	1 件

续表

序号	型号	名称	数量
5	DQ06	三相芯式变压器	1件
6	DQ31	波形测试及开关板	1件
7		单踪示波器（另配）	1台

2. 屏上排列顺序

其排列顺序为DQ24、DQ23、DQ25、DQ06、DQ05、DQ31。

3. 测定极性

（1）测定相间极性。被测变压器选用三相芯式变压器DQ06，用其中高压和低压两组绕组，额定容量$P_N=152/152W$，$U_N=220/55V$，$I_N=0.4/1.6A$，Y，y接法。测得阻值大的为高压绕组，用A、B、C、X、Y、Z标记，低压绕组标记用a、b、c、x、y、z。

1）按图5-1所示接线。A、X接电源的U、V两端子，Y、Z短接。

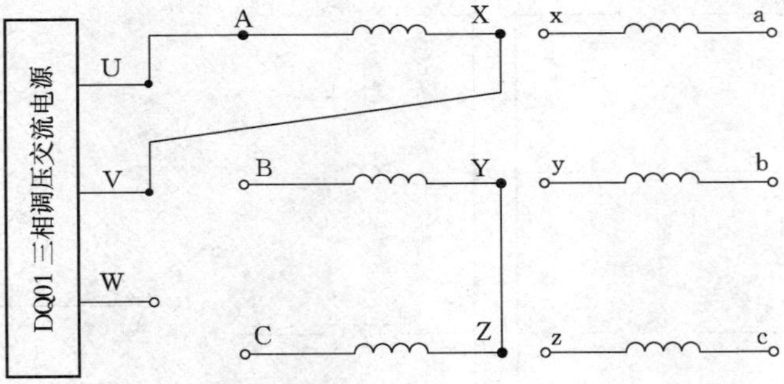

图5-1　测定相间极性接线

2）接通交流电源，在绕组A、X间施加约50%U_N的电压。

3）用电压表测出电压U_{BY}、U_{CZ}、U_{BC}，若$U_{BC}=|U_{BY}-U_{CZ}|$，则首末端标记正确；若$U_{BC}=|U_{BY}+U_{CZ}|$，则标记不对。须将B、C两相任一相绕组的首末端标记对调。

4）用同样方法，将B、C两相中的任一相施加电压，另外两相末端相连，定出每相首、末端正确的标记。

（2）测定原、副边极性。

1）暂时标出三相低压绕组的标记a、b、c、x、y、z，然后按图5-2所示接线，原、副边中点用导线相连。

2）高压三相绕组施加约50%的额定电压，用电压表测量电压U_{AX}、U_{BY}、U_{CZ}、U_{ax}、U_{by}、U_{cz}、U_{Aa}、U_{Bb}、U_{Cc}，若$U_{Aa}=U_{Ax}-U_{ax}$，则A相高、低压绕组同相，并且首端A与a端点为同极性。若$U_{Aa}=U_{AX}+U_{ax}$，则A与a端点为异极性。

3）用同样的方法判别出B、b、C、c两相原、副边的极性。

4）高、低压三相绕组的极性确定后，根据要求连接出不同的联结组别。

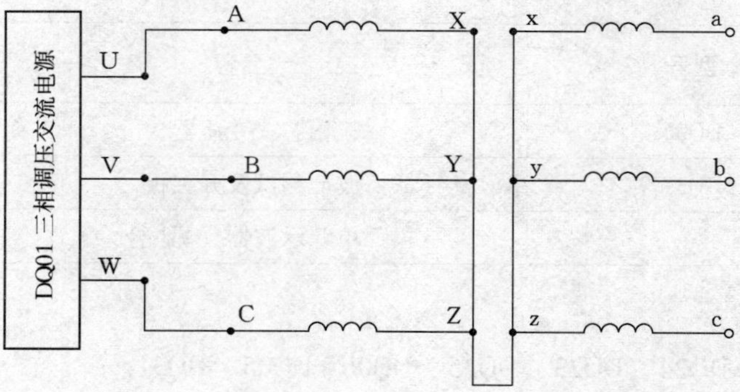

图 5-2 测定原、副边极性接线

4. 检验联结组别

(1) Y，y0。按图 5-3 所示接线。A、a 两端点用导线连接，在高压方施加三相对称的额定电压，测出 U_{AB}、U_{ab}、U_{Bb}、U_{Cc}及 U_{Bc}，将数据记入表 5-2 中。

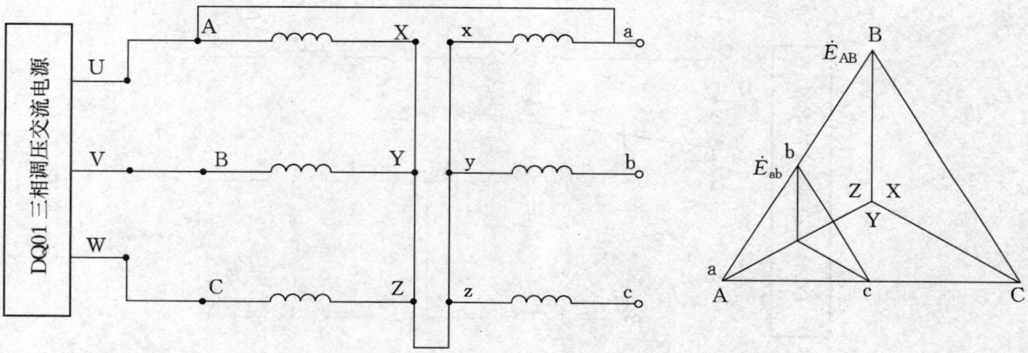

(a) 接线 (b) 电势相量图

图 5-3 Y，y0 联结组别

表 5-2 数据记录表

实验数据					计算数据			
U_{AB} (V)	U_{ab} (V)	U_{Bb} (V)	U_{Cc} (V)	U_{Bc} (V)	$K_L=\frac{U_{AB}}{U_{ab}}$	U_{Bb} (V)	U_{Cc} (V)	U_{Bc} (V)

根据 Y，y0 联结组别的电势相量图可知：

$$U_{Bb} = U_{Cc} = (K_L - 1)U_{ab}$$

$$U_{Bc} = U_{ab}\sqrt{K_L^2 - K_L + 1}$$

式中 K——线电压之比，$K_L=\frac{U_{AB}}{U_{ab}}$。

若用两式计算出的电压 U_{Bb}、U_{Cc}、U_{Bc} 的数值与实验测取的数值相同，则表示绕组连接正确，属于 Y，y0 联结组别。

（2）Y，y6。将 Y，y0 联结组别的副边绕组首、末端标记对调，A、a 两点用导线相连，如图 5-4 所示。

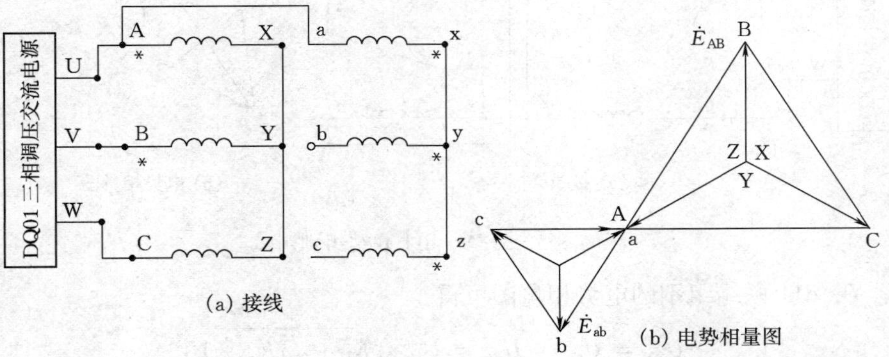

图 5-4　Y，y6 联结组别

按前面方法测出电压 U_{AB}、U_{ab}、U_{Bb}、U_{Cc} 及 U_{Bc}，将数据记入表 5-3 中。

表 5-3　数据记录表

实验数据					计算数据			
U_{AB} (V)	U_{ab} (V)	U_{Bb} (V)	U_{Cc} (V)	U_{Bc} (V)	$K_L = \frac{U_{AB}}{U_{ab}}$	U_{Bb} (V)	U_{Cc} (V)	U_{Bc} (V)

根据 Y，y6 联结组别的电势相量图可得：

$$U_{Bb} = U_{Cc} = (K_L + 1)U_{ab}$$

$$U_{Bc} = U_{ab}\sqrt{(K_L^2 + K_L + 1)}$$

若由上两式计算出电压 U_{Bb}、U_{Cc}、U_{Bc} 的数值与实测相同，则绕组连接正确，属于 Y，y6 联结组别。

（3）Y，d11。按图 5-5 所示接线。A、a 两端点用导线相连，高压方施加对称额定电压，测取 U_{AB}、U_{ab}、U_{Bb}、U_{Cc} 及 U_{Bc}，将数据记入表 5-4 中。

表 5-4　数据记录表

实验数据					计算数据			
U_{AB} (V)	U_{ab} (V)	U_{Bb} (V)	U_{Cc} (V)	U_{Bc} (V)	$K_L = \frac{U_{AB}}{U_{ab}}$	U_{Bb} (V)	U_{Cc} (V)	U_{Bc} (V)

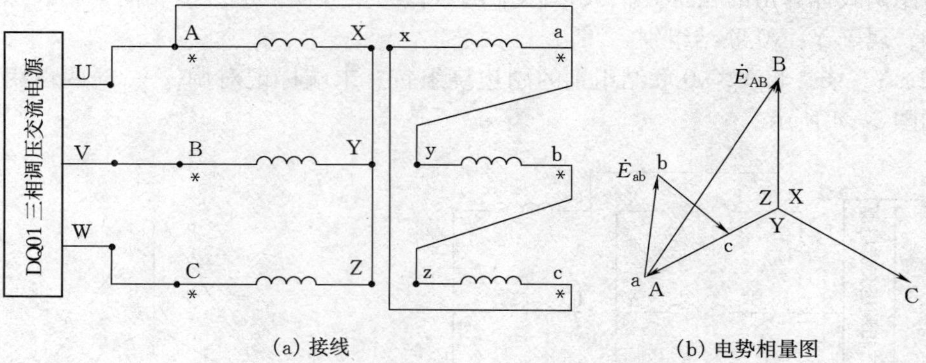

图 5-5　Y，d11 联结组别

根据 Y，d11 联结组别的电势相量图可得：

$$U_{Bb} = U_{Cc} = U_{Bc} = U_{ab}\sqrt{K_L^2 - \sqrt{3}K_L + 1}$$

若由上式计算出的电压 U_{Bb}、U_{Cc}、U_{Bc} 的数值与实测值相同，则绕组连接正确，属于 Y，d11 联结组别。

（4）Y，d5。将 Y，d11 联结组别的副边绕组首、末端的标记对调，如图 5-6 所示。实验方法同前，测取 U_{AB}、U_{ab}、U_{Bb}、U_{Cc} 和 U_{Bc}，将数据记入表 5-5 中。

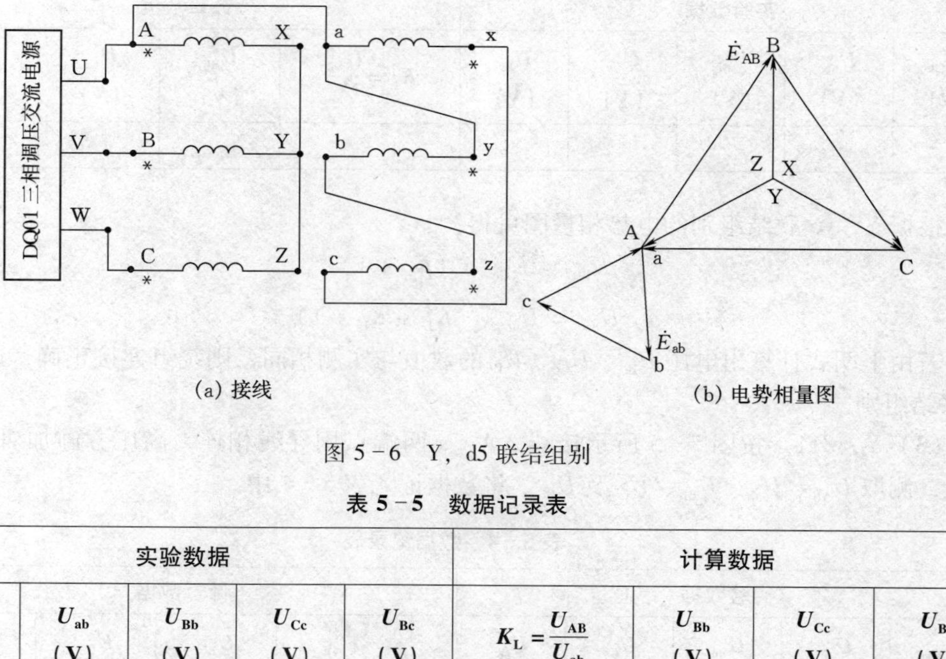

图 5-6　Y，d5 联结组别

表 5-5　数据记录表

实验数据					计算数据			
U_{AB} (V)	U_{ab} (V)	U_{Bb} (V)	U_{Cc} (V)	U_{Bc} (V)	$K_L = \frac{U_{AB}}{U_{ab}}$	U_{Bb} (V)	U_{Cc} (V)	U_{Bc} (V)

根据 Y，d5 联结组别的电势相量图可得：

$$U_{Bb} = U_{Cc} = U_{Bc} = U_{ab}\sqrt{K_L^2 + \sqrt{3}K_L + 1}$$

若由上式计算出的电压 U_{Bb}、U_{Cc}、U_{Bc}的数值与实测相同，则绕组连接正确，属于 Y，d5 联结组别。

根据 Y，d5 联结组别的电势相量图可得：

$$U_{Bb} = U_{Cc} = U_{Bc} = U_{ab}\sqrt{K_L^2 + \sqrt{3}K_L + 1}$$

若由上式计算出的电压 U_{Bb}、U_{Cc}、U_{Bc}的数值与实测相同，则绕组连接正确，属于 Y，d5 联结组别。

5. 不对称短路

（1）Y，yn 连接单相短路。

1）三相芯式变压器。按图 5－7 所示接线。被测试变压器选用三相芯式变压器。将交流电压调到输出电压为零的位置，接通电源，逐渐增加外施电压，直至副边短路电流 $I_{2K}\approx I_{2N}$为止，测取副边短路电流 I_{2K}和原边电流 I_A、I_B、I_C，将数据记入表 5－6 中。

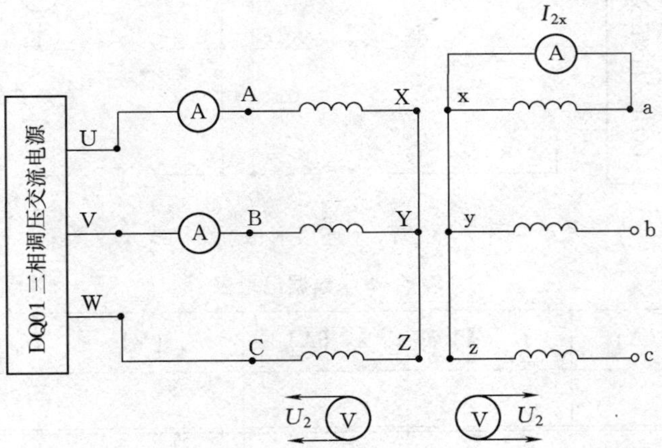

图 5－7　Y，yn 连接单相短路接线

表 5－6　数据记录表

I_{2K}（A）	I_A（A）	I_B（A）	I_C（A）	U_a（V）	U_b（V）	U_c（V）
U_A（V）	U_B（V）	U_C（V）	U_{AB}（V）	U_{BC}（V）	U_{CA}（V）	

2）三相组式变压器。被测变压器改为三相组式变压器，接通电源，逐渐施加外加电压直至 $U_{AB} = U_{BC} = U_{CA} = 220V$，测取副边短路电流和原边电流 I_A、I_B、I_C，将数据记入表 5－7 中。

表 5-7 数据记录表

I_{2K}（A）	I_A（A）	I_B（A）	I_C（A）	U_a（V）	U_b（V）	U_c（V）
U_A（V）	U_B（V）	U_C（V）	U_{AB}（V）	U_{BC}（V）	U_{CA}（V）	

（2）Y，y 连接两相短路。

1）三相芯式变压器。按图 5-8 所示接线。将交流电源电压调至零位置。接通电源，逐渐增加外施电压，直至 $I_{2K} \approx I_{2N}$ 为止，测取变压器副边电流 I_{2K} 和原边电流 I_A、I_B、I_C，将数据记入表 5-8 中。

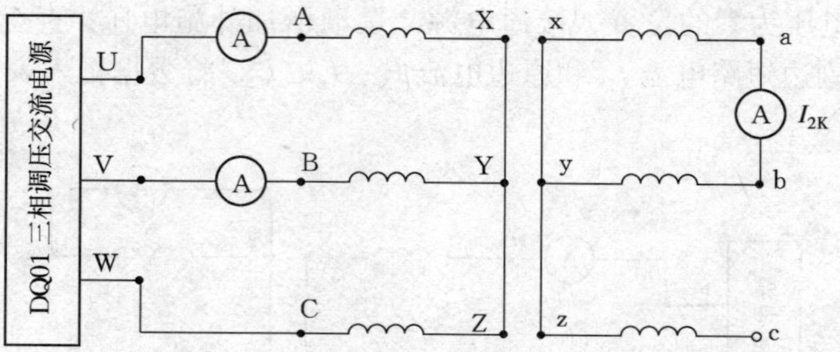

图 5-8 Y，y 连接两相短路接线

表 5-8 数据记录表

I_{2K}（A）	I_A（A）	I_B（A）	I_C（A）	U_a（V）	U_b（V）	U_c（V）
U_A（V）	U_B（V）	U_C（V）	U_{AB}（V）	U_{BC}（V）	U_{CA}（V）	

2）三相组式变压器。被测变压器改为三相组式变压器，重复上述实验，将测取数据记入表 5-9 中。

表 5-9 数据记录表

I_{2K}（A）	I_A（A）	I_B（A）	I_C（A）	U_a（V）	U_b（V）	U_c（V）
U_A（V）	U_B（V）	U_C（V）	U_{AB}（V）	U_{BC}（V）	U_{CA}（V）	

6. 测定变压器的零序阻抗

（1）三相芯式变压器。按图5－9所示接线。三相芯式变压器的高压绕组开路，三相低压绕组首、末端串联后接到电源。将电压调至零，接通交流电源，逐渐增加外施电压，在输入电流 $I_0=0.25I_N$ 和 $I_0=0.5I_N$ 的两种情况下，测取变压器的 I_{0L}、U_{0L} 和 P_{0L}，将数据记入表5－10中。

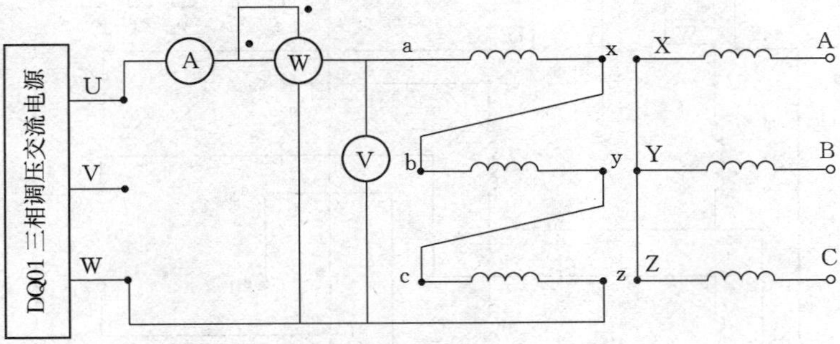

图5－9　测零序阻抗接线

（2）三相组式变压器。由于三相组式变压器的磁路彼此独立，因此可用三相组式变压器中任何一台单相变压器做空载实验，求取的励磁阻抗即为三相组式变压器的零序阻抗。若前面单相变压器空载实验已做过，该实验可略。

表5－10　数据记录表

I_{0L}（A）	U_{0L}（V）	P_{0L}（W）
$0.25I_N=$		
$0.5I_N=$		

7. 分别观察三相芯式和组式变压器不同连接方法时空载电流和电势的波形

（1）三相组式变压器。

1）Y，y连接。按图5－10所示接线。三相组式变压器作Y，y连接，把开关S打开（不接中线）。接通电源后，调节输入电压使变压器在 $0.5U_N$ 和 U_N 两种情况下通过示波器观察空载电流 i_0 及副边相电势 e_ϕ 和线电势 e_1 的波形（注：Y接法 $U_N=380V$）。

在变压器输入电压为额定值时，用电压表测取原边线电压 U_{AB} 和相电压 U_{AX}，将数据记入表5－11中。

2）Y，yn连接。其接线与Y，y连接相同，合上开关S，即为 Y_0，yn接法。重复前面的实验步骤，观察 i_0、e_ϕ、e_1 波形，并在 $U_1=U_N$ 时测取 U_{AB} 和 U_{AX}，将数据记入表5－12中。

3）Y，d连接。按图5－11所示接线。开关S合向左边，使副边绕组不构成封闭三角形。接通电源，调节变压器输入电压至额定值，通过示波器观察原边空载电流 i_0、相电压 U_ϕ 及副边开路电势 U_{az} 的波形，并用电压表测取原边线电压 U_{AB}、相电压 U_{AX} 以及副边开路电压 U_{az}，将数据记入表5－13中。

开关S合向右边，使副边为三角形接法，重复前面实验步骤，观察 i_0、U_ϕ 及副边三角形回路中谐波电流的波形，并在 $U_1=U_{1N}$ 时，测取 U_{AB}、U_{AX} 及副边三角形回路中谐波电流，将数据记入表5－14中。

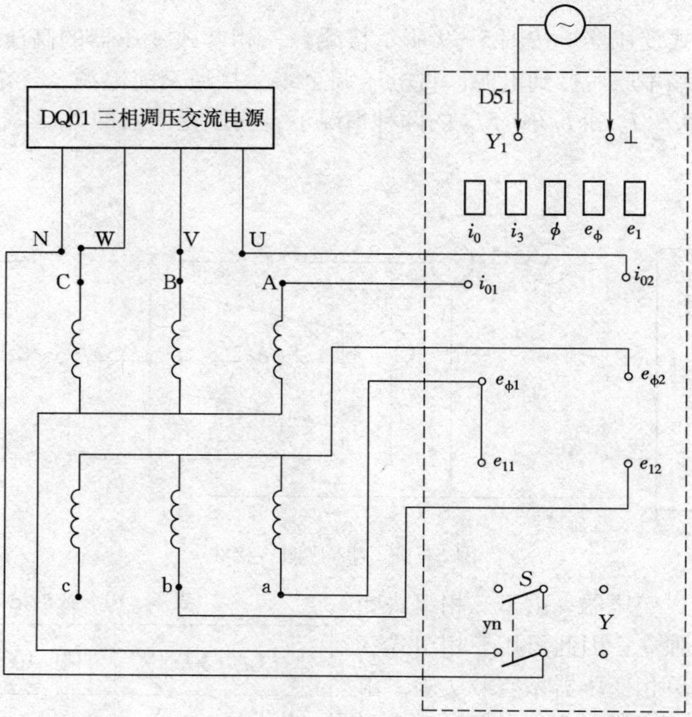

图 5－10 观察 Y，y 和 Y，yn 连接三相变压器空载电流和电势波形的接线

表 5－11 数据记录表

实验数据		计算数据
U_{AB}（V）	U_{AX}（V）	U_{AB}/U_{AX}

表 5－12 数据记录表

实验数据		计算数据
U_{AB}（V）	U_{AX}（V）	U_{AB}/U_{AX}

表 5－13 数据记录表

实验数据			计算数据
U_{AB}（V）	U_{AX}（V）	U_{az}（V）	U_{AB}/U_{AX}

表 5－14 数据记录表

实验数据			计算数据
U_{AB}（V）	U_{AX}（V）	$I_{谐波}$（A）	U_{AB}/U_{AX}

（2）三相芯式变压器。重复前面 1）、2）、3）波形实验，将不同铁心结构所得的结果作分析比较。

五、实验报告

（1）计算出不同联结组别的 U_{Bb}、U_{Cc}、U_{Bc} 的数值，并与实测值进行比较，判别绕组连接是否正确。

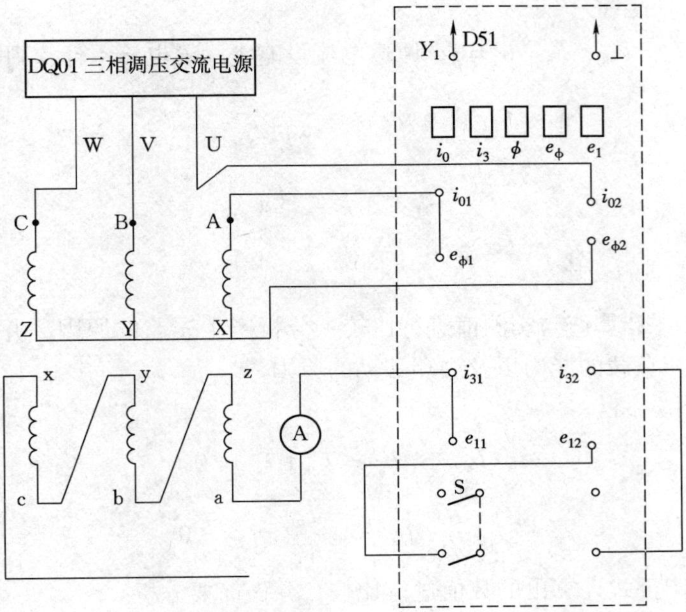

图 5-11　观察 Y，d 连接三相变压器空载电流 3 次谐波电流和电势波形的接线

（2）计算零序阻抗。Y，yn 三相芯式变压器的零序参数由下式求得：

$$Z_0 = \frac{U_{0P}}{I_{0P}} = \frac{U_{0L}}{\sqrt{3}I_{0L}}$$

$$r_0 = \frac{P_0}{3I_{0P}^2}$$

$$X_0 = \sqrt{Z_0^2 - r_0^2}$$

$$U_{0P} = \frac{U_{0L}}{\sqrt{3}},\ I_{0P} = I_{0L}$$

式中，U_{0P}，I_{0P}，P_0——变压器空载相电压、相电流、三相空载功率。

分别计算 $I_0 = 0.25I_N$ 和 $I_0 = 0.5I_N$ 时的 Z_0、r_0、X_0，取其平均值作为变压器的零序阻抗、电阻和电抗，并按下式计算出标么值：

$$Z_0^* = \frac{I_{NP}Z_0}{U_{NP}}$$

$$r_0^* = \frac{I_{NP}r_0}{U_{NP}}$$

$$X_0^* = \frac{I_{NP}X_0}{U_{NP}}$$

式中，I_{NP}和 U_{NP}分别为变压器低压绕组的额定相电流和额定相电压。

（3）计算短路情况下的原边电流。

1）Y，yn 单相短路。

副边电流 $\dot{I}_a=\dot{I}_{2K}$，$\dot{I}_b=\dot{I}_c=0$；原边电流设略去励磁电流不计，则：

$$\dot{I}_A=-\frac{2\dot{I}_{2K}}{3K}$$

$$\dot{I}_B=\dot{I}_C=\frac{\dot{I}_{2K}}{3K}$$

式中 K——变压器的变比。

将 $\dot{I}_A$、$\dot{I}_B$、$\dot{I}_C$ 计算值与实测值进行比较，分析产生误差的原因，并讨论 Y，yn 三相组式变压器带单相负载的能力以及中点移动的原因。

2）Y，y 两相短路。

副边电流 $\dot{I}_a=-\dot{I}_b=\dot{I}_{2K}$，$\dot{I}_C=0$

原边电流 $\dot{I}_A=-\dot{I}_B=\frac{-\dot{I}_{2K}}{K}$，$\dot{I}_C=0$

把实测值与用公式计算出的数值进行比较，并做简要分析。

（4）分析不同连接法和不同铁心结构对三相变压器空载电流和电势波形的影响。

（5）由实验数据算出 Y，y 和 Y，d 接法时的原边 U_{AB}/U_{AX} 的比值，分析产生差别的原因。

（6）根据实验观察，说明三相组式变压器不宜采用 Y，yn 和 Y，y 连接方法的原因。

六、附录

变压器联结组别校核公式如表 5－15 所示。

表 5－15 变压器联结组别校核公式

（设 $U_{ab}=1$，$U_{AB}=K_L\times U_{ab}=K_L$）

组别	$U_{Bb}=U_{Cc}$	U_{Bc}	U_{Bc}/U_{Bb}
1	$\sqrt{K_L^2-\sqrt{3}K_L+1}$	$\sqrt{K_L^2+1}$	>1
2	$\sqrt{K_L^2-K_L+1}$	$\sqrt{K_L^2+K_L+1}$	>1
3	$\sqrt{K_L^2+1}$	$\sqrt{K_L^2+\sqrt{3}K_L+1}$	>1
4	$\sqrt{K_L^2+K_L+1}$	K_L+1	>1
5	$\sqrt{K_L^2+\sqrt{3}K_L+1}$	$\sqrt{K_L^2+\sqrt{3}K_L+1}$	=1
6	K_L+1	$\sqrt{K_L^2+K_L+1}$	<1

续表

组别	$U_{Bb}=U_{Cc}$	U_{Bc}	U_{Bc}/U_{Bb}
7	$\sqrt{K_L^2+\sqrt{3}K_L+1}$	$\sqrt{K_L^2+1}$	<1
8	$\sqrt{K_L^2+K_L+1}$	$\sqrt{K_L^2-K_L+1}$	<1
9	$\sqrt{K_L^2+1}$	$\sqrt{K_L^2-\sqrt{3}K_L+1}$	<1
10	$\sqrt{K_L^2-K_L+1}$	K_L-1	<1
11	$\sqrt{K_L^2-\sqrt{3}K_L+1}$	$\sqrt{K_L^2-\sqrt{3}K_L+1}$	$=1$
12	K_L-1	$\sqrt{K_L^2-K_L+1}$	>1

实验六　三相笼型异步电动机的工作特性

一、实验目的

（1）掌握三相异步电动机的空载、堵转和负载试验的方法。
（2）用直接负载法测取三相笼型异步电动机的工作特性。
（3）测定三相笼型异步电动机的参数。

二、预习要点

（1）异步电动机具有哪些工作特性？
（2）异步电动机的等效电路有哪些参数？它们的物理意义是什么？
（3）工作特性和参数的测定方法。

三、实验项目

（1）测量定子绕组的冷态电阻。
（2）判定定子绕组的首末端。
（3）空载实验。
（4）短路实验。
（5）负载实验。

四、实验方法

1. 实验设备

实验设备如表 6－1 所示。

表 6－1　实验设备

序号	型号	名称	数量
1	DQ03	导轨、测速发电机及转速表	1 件
2	DQ19	校正过的直流电机	1 件
3	DQ10	三相笼型异步电动机	1 件
4	DQ24	交流电压表	1 件
5	DQ23	交流电流表	1 件
6	DQ25	单三相智能功率、功率因数表	1 件
7	DQ22	直流电压表、毫安表、安培表	1 件

续表

序号	型号	名称	数量
8	DQ27	三相可调电阻器	1 件
9	DQ31	波形测试及开关板	1 件
10	DQ34	智能转矩、转速、功率测试箱	1 件

2. 屏上挂件排列顺序

其排列顺序为 DQ24、DQ23、DQ25、DQ22、DQ27、DQ31、DQ34。

三相笼型异步电动机的组件型号为 DQ10。

3. 测量定子绕组的冷态直流电阻

将电机在室内放置一段时间，用温度计测量电机绕组端部或铁心的温度。当所测温度与冷却介质温度之差不超过 2K 时，即为实际冷态。记录此时的温度和测量定子绕组的直流电阻，此阻值即为冷态直流电阻。

(1) 伏安法。测量线路如图 6-1 所示。直流电源用主控屏上电枢电源先调到 50V。开关 S_1、S_2 选用 DQ31 挂箱，R 用 DQ27 挂箱上 1800Ω 可调电阻。

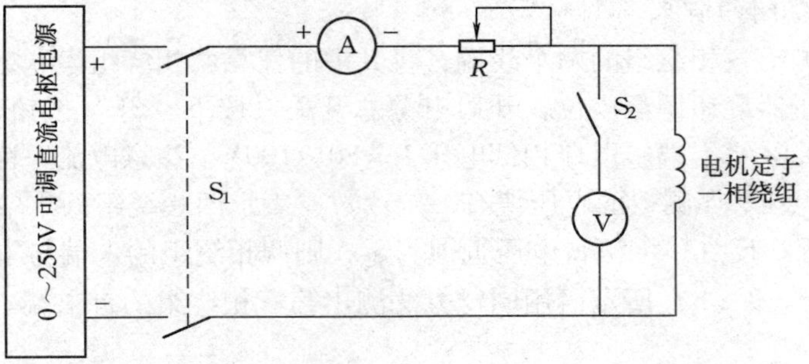

图 6-1　三相交流绕组电阻测定

量程的选择：测量时通过的测量电流应小于额定电流的 20%，约为 50mA，因而直流电流表的量程用 200mA 挡。三相笼型异步电动机定子一相绕组的电阻约为 50Ω，因而当流过的电流为 50mA 时二端电压约为 2.5V，所以直流电压表量程用 20V 挡。

按图 6-1 所示接线。把 R 调至最大位置，合上开关 S_1，调节直流电源及 R 阻值，使试验电流不超过电机额定电流的 20%，以防因试验电流过大而引起绕组的温度上升，读取电流值，再接通开关 S_2 读取电压值。读完后，先断开开关 S_2，再断开开关 S_1。

调节 R 使电流表 A 分别为 50mA、40mA、30mA 测取 3 次，取其平均值，测量定子三相绕组的电阻值，记入表 6-2 中。

注意：

1) 在测量时，电动机的转子须静止不动。

2) 测量通电时间不应超过 1 分钟。

表 6-2 数据记录表 室温________℃

	绕组Ⅰ			绕组Ⅱ			绕组Ⅲ		
I（mA）									
U（V）									
R（Ω）									

（2）电桥法。用单臂电桥测量电阻时，应先将刻度盘旋到电桥大致平衡的位置，然后按下电池按钮，接通电源，等电桥中的电源达到稳定值后，方可按下检流计按钮接入检流计。测量完毕，应先断开检流计，再断开电源，以免检流计受到冲击。将数据记入表6-3中。

表 6-3 数据记录表

	绕组Ⅰ	绕组Ⅱ	绕组Ⅲ
R（Ω）			

用电桥法测定绕组直流电阻准确度及灵敏度高，并有直接读数的优点。

4. 判定定子绕组的首末端

先用万用表测出各相绕组的两个线端，将其中的任意两相绕组串联，如图 6-2 所示。将控制屏左侧调压器旋钮调至零位，开启电源总开关，按下“开”按钮，接通交流电源。调节调压旋钮，并在绕组端施以单相低电压 $U=80\sim100$V，注意电流不应超过额定值，测出第三相绕组的电压，如测得的电压值有一定读数，表示两相绕组的末端与首端相连，如图 6-2（a）所示。反之，如测得电压近似为零，则两相绕组的末端与末端（或首端与首端）相连，如图 6-2（b）所示。用同样方法测出第三相绕组的首末端。

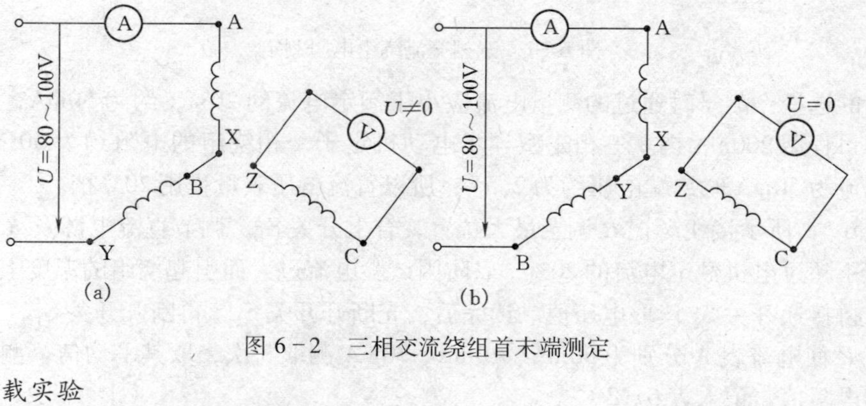

图 6-2 三相交流绕组首末端测定

5. 空载实验

（1）按图 6-3 所示接线。电机绕组为 Δ 接法（$U_N=220$V），直接与测速发电机同轴连接，负载电机 DQ19 不接。

（2）把交流调压器调至电压最小位置，接通电源，逐渐升高电压，使电机启动旋转，观察电机旋转方向，并使电机旋转方向符合要求（如转向不符合要求需调整相序时，必须切断电源）。

（3）保持电动机在额定电压下空载运行数分钟，使机械损耗达到稳定后再进行实验。

（4）调节电压由 $1.2U_N$ 开始逐渐降低电压，直至电流或功率显著增大为止。在该范围内读取空载电压、空载电流、空载功率值。

（5）在测取空载实验数据时，在额定电压附近多测几个点，共取数据 7 ~9 组记入表 6－4 中。

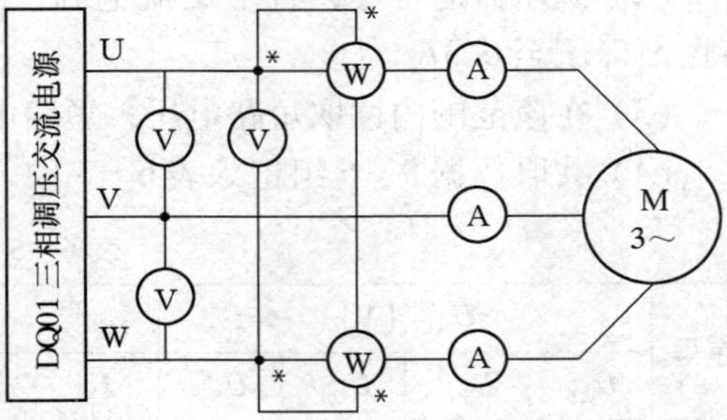

图 6－3　三相笼型异步电动机的空载实验接线

表 6－4　数据记录表

序号	U_{0L}（V）				I_{0L}（A）				P_0（W）			$\cos\varphi_0$
	U_{AB}	U_{BC}	U_{CA}	U_{0L}	I_A	I_B	I_C	I_{0L}	P_I	P	P_0	

6. 短路实验

（1）测量接线如图 6－4 所示。用制动工具把三相电机堵住。制动工具可用 DD05 上的圆盘固定在电机轴上，螺杆装在圆盘上。

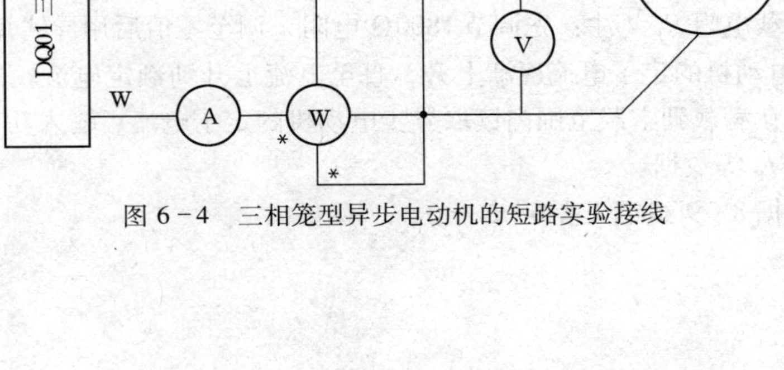

图 6－4　三相笼型异步电动机的短路实验接线

（2）调压器退至零，合上交流电源，调节调压器使之逐渐升压至短路电流到 $1.2I_N$，再逐渐降压至 $0.3I_N$ 为止。

（3）在该范围内读取短路电压、短路电流、短路功率值。

（4）共取数据 5、6 组记入表 6－5 中。

表 6－5 数据记录表

序号	U_{KL}（V）				I_{KL}（A）				P_K（W）			$\cos\varphi_K$
	U_{AB}	U_{BC}	U_{CA}	U_{KL}	I_A	I_B	I_C	I_{KL}	$P_Ⅰ$	$P_Ⅱ$	P_K	

7. 负载实验

（1）测量接线如图 6－5 所示。同轴连接负载电机。图中 R_f 用 DQ27 上 1800Ω 阻值，R_L 用 DQ27 上 1800Ω 阻值加上 900Ω 并联 900Ω 共 2250Ω 阻值。

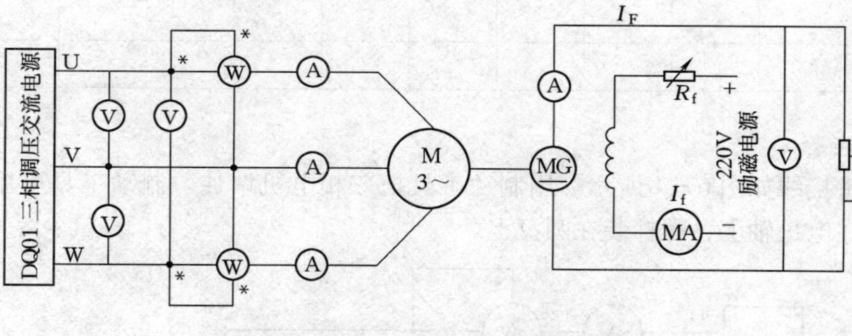

图 6－5 三相笼型异步电动机负载实验接线

（2）合上交流电源，调节调压器使之逐渐升压至额定电压并保持不变。

（3）合上校正过的直流电机的励磁电源，调节励磁电流至校正值（100mA）并保持不变。

（4）调节负载电阻 R_L（注：先调节 1800Ω 电阻，调至零值后用导线短接再调节 450Ω 电阻），使异步电动机的定子电流逐渐上升，直至电流上升到额定电流。然后，逐渐减小负载直至空载，在满载到空载范围内读取异步电动机的定子电流、输入功率、转速、直流电机的负载电流 I_F 等数据。

（5）共取数据 8、9 组记入表 6－6 中。

表 6-6　数据记录表　$U_{1P}=U_{1N}=220V$（Δ），$I_f=$______mA

序号	I_{1L}（A）				P_1（W）			I_F（A）	T_2（N·m）	n（r/min）
	I_A	I_B	I_C	I_{1L}	P_I	P_{II}	P_1			

五、注意事项

做堵转实验时，要注意将堵转工具完全卡住电动机转轴，力求安全。

六、实验报告

（1）计算基准工作温度时的相电阻。由实验直接测得每相电阻值，此值为实际冷态电阻值。冷态温度为室温。按下式换算到基准工作温度时的定子绕组相电阻：

$$r_{1ref}=r_{1c}\frac{235+\theta_{ref}}{235+\theta_c}$$

式中　r_{1ref}——换算到基准工作温度时定子绕组的相电阻（Ω）；

r_{1c}——定子绕组的实际冷态相电阻（Ω）；

θ_{ref}——基准工作温度，对于 E 级绝缘为 75℃；

θ_c——实际冷态时定子绕组的温度（℃）。

（2）作空载特性曲线 I_{0L}、P_0、$\cos\varphi_0=f(U_{0L})$。

（3）作短路特性曲线 I_{KL}、$P_K=f(U_{KL})$。

（4）由空载、短路实验数据求异步电机的等效电路参数。

1）由短路实验数据求短路参数。

短路阻抗：
$$Z_K=\frac{U_{KP}}{I_{KP}}=\frac{\sqrt{3}U_{KL}}{I_{KL}}$$

短路电阻：
$$r_K=\frac{P_K}{3I_{KP}^2}=\frac{P_K}{I_{KL}^2}$$

短路电抗：
$$X_K = \sqrt{Z_K^2 - r_K^2}$$

式中，$U_{KP} = U_{KL}$，$I_{KP} = \dfrac{I_{KL}}{\sqrt{3}}$，$P_K$ 分别为电动机堵转时的相电压、相电流、三相短路功率（Δ 接法）。

转子电阻的折合值：$r'_2 \approx r_K - r_{1c}$

式中，r_{1c}是没有折合到75℃时实际值。

定、转子漏抗：$X_{1\sigma} \approx X'_{2\sigma} \approx \dfrac{X_K}{2}$

2）由空载试验数据求励磁回路参数。

空载阻抗
$$Z_0 = \frac{U_{1P}}{I_{1P}} = \frac{\sqrt{3}U_{0L}}{I_{0L}}$$

空载电阻
$$r_0 = \frac{P_0}{3I_{0P}^2} = \frac{P_0}{I_{0L}^2}$$

空载电抗
$$X_0 = \sqrt{Z_0^2 - r_0^2}$$

式中，$U_{0P} = U_{0L}$，$I_{0P} = \dfrac{I_{0L}}{\sqrt{3}}$，$P_0$ 分别为电动机空载时的相电压、相电流、三相空载功率（Δ 接法）。

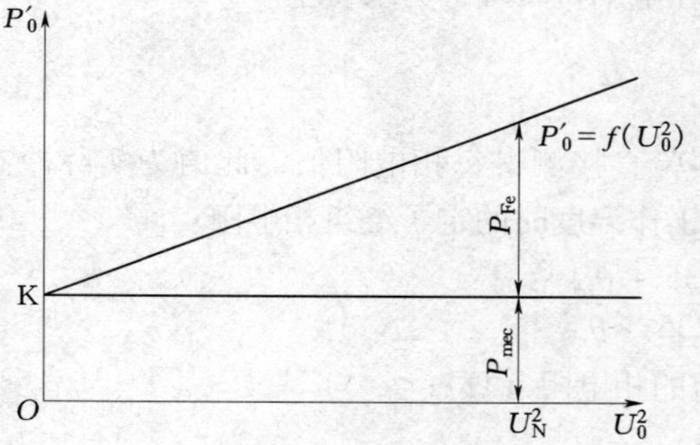

图 6－6　电机中的铁耗和机械耗

励磁电抗　$U_{0P} = U_{0L}$，$I_{0P} = \dfrac{I_{0L}}{\sqrt{3}}$

励磁电阻　$r_m = \dfrac{P_{Fe}}{3I_{0P}^2} = \dfrac{P_{Fe}}{I_{0L}^2}$

式中，P_{Fe}为额定电压时的铁耗，由图 6－6 确定。

（5）作工作特性曲线 P_1、I_1、η、S、$\cos\varphi_1 = f(P_2)$。

由负载试验数据计算工作特性，填入表 6－7 中。

计算公式为

$$I_{1P} = \frac{I_{1L}}{\sqrt{3}} = \frac{I_A + I_B + I_C}{3\sqrt{3}}$$

$$S = \frac{1500 - n}{1500} \times 100\%$$

$$\cos\varphi_1 = \frac{P_1}{3U_{1P}I_{1P}}$$

$$P_2 = 0.105nT_2$$

$$\eta = \frac{P_2}{P_1} \times 100\%$$

式中　I_{1P}——定子绕组相电流（A）；

U_{1P}——定子绕组相电压（V）；

S——转差率；

η——效率。

表 6-7　数据记录表　　$U_1=220V\ (\Delta)$，$I_f=$________ mA

序号	电动机输入		电动机输出		计算值			
	I_{1P} (A)	P_1 (W)	T_2 (N·m)	n (r/min)	P_2 (W)	S (%)	η (%)	$\cos\varphi_1$

（6）由损耗分析法求额定负载时的效率。

电动机的损耗如下：

铁　　耗：P_{Fe}

机械损耗：P_{mec}

定子铜耗：$P_{Cu1}=3I_{1P}^2r_1$

转子铜耗：$P_{Cu2}=\dfrac{P_{em}}{100}S$

杂散损耗 P_{ad} 取为额定负载时输入功率的0.5%。

式中　P_{em}——电磁功率，$P_{em}=P_1-P_{Cu1}-P_{Fe}$(W)。

铁耗和机械损耗之和为：

$$P'_0=P_{Fe}+P_{mec}=P_0-I_{0P}^2r_1$$

为了分离铁耗和机械损耗，作曲线 $P_0=f(U^2)$，如图6-6所示。

延长曲线的直线部分与纵轴相交于K点，K点的纵坐标即为电动机的机械损耗 P_{mec}，过K点作平行于横轴的直线，可得不同电压的铁耗 P_{Fe}。

电机的总损耗：

$$\sum P=P_{Fe}+P_{Cu1}+P_{Cu2}+P_{ad}+P_{mec}$$

于是求得额定负载时的效率为：

$$\eta = \frac{P_1 - \sum P}{P_1} \times 100\%$$

式中，P_1、S、I_1 由工作特性曲线上对应于 P_2 为额定功率 P_N 时查得。

七、思考题

（1）由空载、短路实验数据求取异步电机的等效电路参数时，有哪些因素会引起误差？

（2）从短路实验数据可以得出哪些结论？

（3）由直接负载法测得的电机效率和用损耗分析法求得的电机效率各有哪些因素会引起误差？

实验七　三相异步电动机的启动与调速

一、实验目的

通过实验掌握异步电动机的启动和调速方法。

二、预习要点

(1) 复习异步电动机有哪些启动方法和启动技术指标。
(2) 复习异步电动机的调速方法。

三、实验项目

(1) 直接启动。
(2) 星形-三角形（Y-Δ）换接启动。
(3) 自耦变压器启动。
(4) 线绕式异步电动机转子绕组串入可变电阻器启动。
(5) 线绕式异步电动机转子绕组串入可变电阻器调速。

四、实验方法

1. 实验设备

实验设备如表 7-1 所示。

表 7-1　实验设备

序号	型号	名称	数量
1	DQ03	导轨、测速发电机及转速表	1 件
2	DQ10	三相笼型异步电动机	1 件
3	DQ11	三相线绕式异步电动机	1 件
4	DQ19	校正过的直流电机	1 件
5	DQ22	直流电压表、毫安表、安培表	1 件
6	DQ23	交流电流表	1 件
7	DQ24	交流电压表	1 件
8	DQ28	三相可调电抗器	1 件
9	DQ31	波形测试及开关板	1 件
10	DQ12	启动与调速电阻箱	1 件
11	DQ34	智能转矩、转速、功率测试箱	1 件

2. 屏上挂件排列顺序

其排列顺序为 DQ24、DQ23、DQ31、DQ22、DQ28、DQ34。

3. 三相笼型异步电动机直接启动

（1）按图 7-1 所示接线。电动机绕组为 Δ 接法。异步电动机直接与测速发电机同轴连接，不连接负载电机 DQ19。

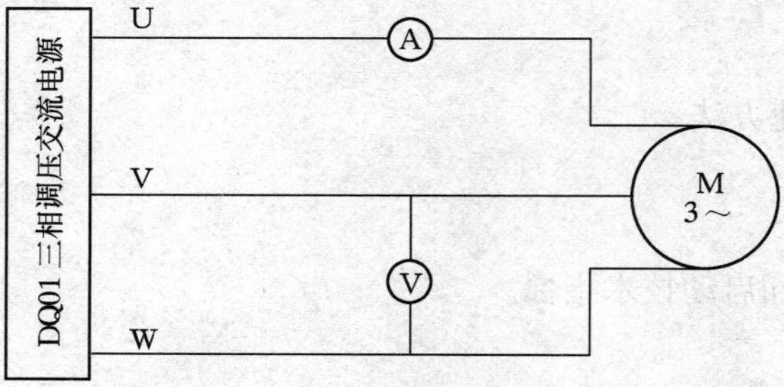

图 7-1 异步电动机直接启动接线

（2）把交流调压器退到零位，开启电源总开关，按下“开”按钮，接通三相交流电源。

（3）调节调压器，使输出电压达电动机额定电压 220V，使电动机启动旋转，观察转向要求为顺时针旋转。（如电机旋转方向不符合要求需调整相序时，必须按下“关”按钮，切断三相交流电源）。

（4）再按下“关”按钮，断开三相交流电源，待电动机停止旋转后，给电机轴伸端装上圆盘和手柄（注：圆盘直径为 10cm）。按下“开”按钮，接通三相交流电源，使电机在堵转情况下全压启动，观察并记录电机启动瞬间电流。

（5）断开电源开关，将调压器退到零位，电机轴伸端装上支架和弹簧秤。

（6）合上开关，调节调压器，使输出电压达电机额定电压 220V，记录转矩值 T_{st}（圆盘半径乘以弹簧秤力），实验时通电时间不应超过 30s，以免绕组过热。将电机启动电流 I_{st} 和启动转矩 T_{st} 填入表 7-2 中

表 7-2 中的 T_{st} 可按下式进行计算：

$$T_{st} = F \times \frac{D}{2}$$

表 7-2 数据记录表

测量值	
I_{st} （A）	T_{st} （N·m）

4. 星形-三角形（Y-Δ）启动

（1）按图 7-2 所示接线。线接好后把调压器退到零位。

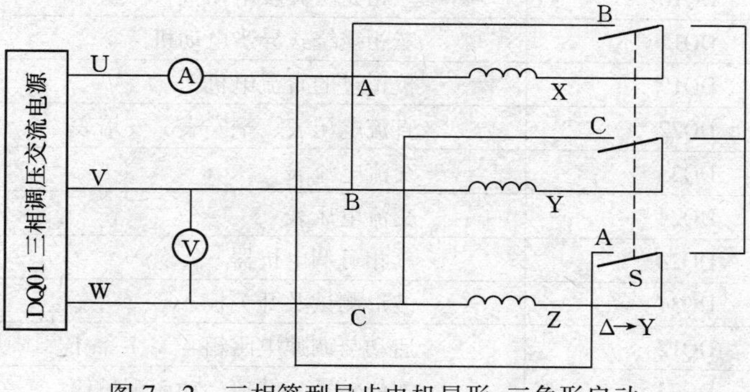

图 7-2 三相笼型异步电机星形-三角形启动

（2）三刀双掷开关合向右边（Y 接法）。合上电源开关，逐渐调节调压器，使之升压至电机额定电压 220V，观察电机转向应为顺时针旋转，断开电源开关，待电机停转。

（3）合上电源开关，观察启动瞬间电流，然后把 S 合向左边，使电机（Δ）正常运行，整个启动过程结束。观察启动瞬间电流表的显示值（取数字表显示最大值）并与其他启动方法作定性比较。

（4）断开电源开关，（电机 Y 形连接）给电机轴伸端装上圆盘、手柄、支架和弹簧秤，使电动机在堵转情况下做全压启动。实验时，通电时间不要超过 30s，以免绕组过热，测取和记录电机启动电流 I_{st} 和启动转矩 T_{st}，并填入表 7－3 中。

5. 自耦变压器启动

（1）按图 7－3 所示接线（电机绕组为 Δ 接法）。

（2）三相调压器退到零位，开关 S 合向左边。自耦变压器选用 DQ28 挂箱。

表 7－3　数据记录表

测量值	
I_{st}（A）	T_{st}（N·m）

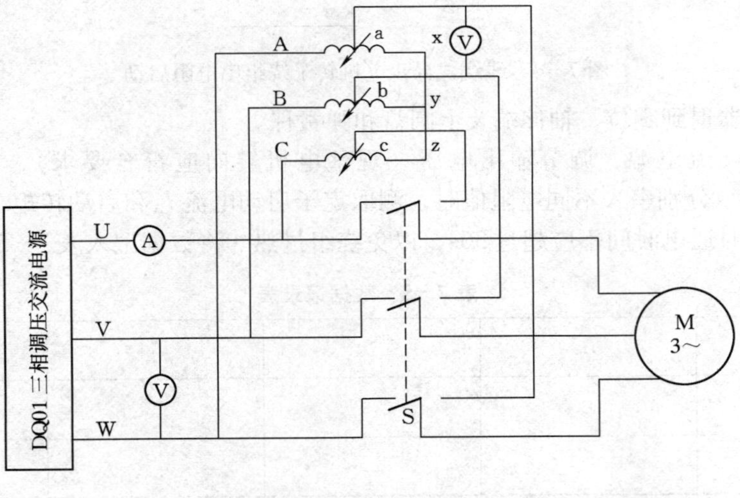

图 7－3　三相笼型异步电动机自耦变压器法启动

（3）合上电源开关，调节控制屏上三相调压器，使输出电压达电机额定电压 220V，断开电源开关，待电机停转。

（4）开关 S 合向右边，合上电源开关，使电机由自耦变压器降压启动（自耦变压器抽头输出电压分别为电源相电压的 40%、60% 和 80%，电源相电压应分别在自耦变压器可调输出端 ax、by、cz 测取）并经一定时间再把 S 合向左边，使电机按额定电压正常运行，整个启动过程结束。观察启动瞬间电流以作定性的比较。

（5）给电机轴伸端装上圆盘、手柄、支架和弹簧秤，使电机处于堵转情况下。实验时，通电时间不要超过 30s，以免绕组过热，分别测取自耦变压器在相电压为 50V、76V、101V 时的启动电流 I_{st} 和启动转矩 T_{st}，并填入表 7－4 中。

表 7－4　数据记录表

测量值	
I_{st}（A）	T_{st}（N·m）

6. 线绕式异步电动机转子绕组串入可变电阻器启动

（1）按图 7－4 所示接线（电机定子绕组 Y 形接法）。

（2）转子每相串入的电阻可用 DQ12 启动与调速电阻箱。

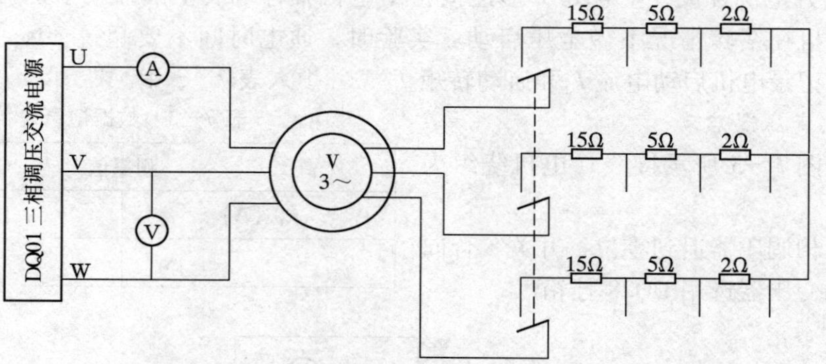

图 7－4　线绕式异步电机转子绕组串电阻启动

（3）调压器退到零位，轴伸端装上圆盘和弹簧秤。

（4）接通交流电源，调节输出电压（观察电机转向应符合要求），在定子电压为 220V、转子绕组分别串入不同电阻值时，测取定子启动电流 I_{st} 和启动转矩 T_{st}。

（5）实验时通电时间不应超过 30s，以免绕组过热。将数据记入表 7－5 中。

表 7－5　数据记录表

R_{st}（Ω）	0	2	5	15
F（N）				
I_{st}（A）				
T_{st}（N·m）				

7. 线绕式异步电动机转子绕组串入可变电阻器调速

（1）实验线路如图 7－4 所示。同轴连接校正直流电机 MG 作为线绕式异步电动机 M 的负载，MG 的实验接线图参考实验一中图 1－2 的下图。电路接好后，将 M 的转子启动调速电阻调至最大。

（2）合上电源开关，电机空载启动，保持调压器的输出电压为电机额定电压 220V，转子启动调速电阻调至零。

（3）调节校正电机的励磁电流 I_f 为校正值（100mA），再调节直流发电机负载电流（改变负载电阻值），使电动机输出功率接近额定功率并保持该输出转矩 T_2 不变，改变转子启动调速电阻（每相启动调速电阻分别为0Ω、2Ω、5Ω、15Ω），测相应的转速并记入表7－6中。

表7－6　数据记录表

$U=220V$，$I_f=$________mA，$T_2=$________N·m

r_{st}（Ω）	0	2	5	15
n（r/min）				

五、注意事项

（1）电动机在做直接启动、Y－Δ启动和自耦变压器降压启动时，因电机启动过程太快，数字表上无法准确反映出启动瞬间电流，因此在实验时可采用给电机加额定电压，在电机堵转条件下测试电机启动电流。

（2）作自耦变压器降压启动时，应事先用万用表分别测定自耦变压器的输出相电压。

六、实验报告

（1）比较异步电动机不同启动方法的优、缺点。

（2）由启动试验数据求下述3种情况下的启动电流和启动转矩：

1）外施额定电压 U_N（直接法启动）。

2）外施电压为 $U_N/\sqrt{3}$（Y－Δ启动）。

3）外施电压为 U_K/K_A，式中 K_A 为启动用自耦变压器的变比（自耦变压器启动）。

（3）线绕式异步电动机转子绕组串入电阻对启动电流和启动转矩的影响。

（4）线绕式异步电动机转子绕组串入电阻对电机转速的影响。

七、思考题

（1）启动电流和外施电压成正比，启动转矩和外施电压的平方成正比在什么情况下才能成立？

（2）启动时的实际情况和上述假定是否相符，不相符的主要因素是什么？

实验八　单相电容启动异步电动机

一、实验目的

用实验方法测定单相电容启动异步电动机的技术指标和参数。

二、预习要点

（1）单相电容启动异步电动机有哪些技术指标和参数？

（2）这些技术指标怎样测定？参数怎样测定？

三、实验项目

（1）测量定子主、副绕组的实际冷态电阻。

（2）空载实验、短路实验、负载实验。

四、实验方法

1. 实验设备

实验设备如表 8－1 所示。

表 8－1　实验设备

序号	型号	名称	数量
1	DQ03	导轨、测速发电机及转速表	1 件
2	DQ19	校正过的直流电机	1 件
3	DQ15	单相电容启动异步电动机	1 件
4	DQ22	直流电压表、毫安表、安培表	1 件
5	DQ23	交流电流表	1 件
6	DQ24	交流电压表	1 件
7	DQ25	单三相智能功率、功率因数表	1 件
8	DQ27	三相可调电阻器	1 件
9	DQ29	可调电阻器	1 件

2. 屏上挂件排列顺序

其排列顺序为 DQ24、DQ23、DQ25、DQ22、DQ27、DQ29。

3. 分别测量定子主、副绕组的实际冷态电阻

测量图和测量方法见实验六中三相交流绕组电阻的测定，记录当时室温，将数据记入表 8－2 中。

表 8－2　数据记录表　　　　室温______℃

	主绕组			副绕组		
I（mA）						
U（V）						
R（Ω）						

4. 空载实验、短路实验、负载实验

按图 8－1 所示接线，启动电容 C 选用 DQ29 上 35μF 电容。

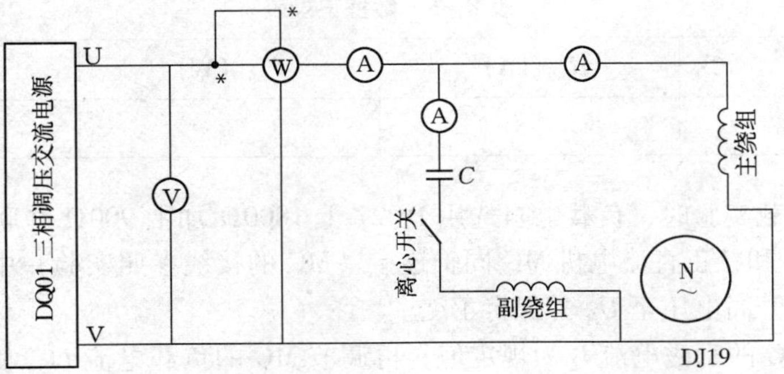

图 8－1　单相电容启动异步电动机接线

（注意：图中离心开关装在电机内）

（1）调节调压器让电机降压空载启动，在额定电压下空载运转使机械损耗达稳定。

（2）从 1.1U_N 开始逐步降低直至可能达到的最低电压值，即功率和电流出现回升时为止，其间测取电压 U_0、电流 I_0、功率 P_0 数据 7、8 组，并记入表 8－3 中。

表 8－3　数据记录表

序号									
U_0（V）									
I_0（A）									
P_0（W）									
$\cos\varphi_0$									

（3）在做短路实验时，合上交流电源，升压至（0.95～1.02）U_N，再逐次降压至短路电流接近额定电流为止。

（4）共测取 U_K、I_K、T_K 等数据 6～8 组，并记入表 8－4 中。

表 8－4 数据记录表

序 号						
U_K（V）						
I_K（A）						
F（N）						
T_K（N·m）						

注意：测取每组读数时，通电持续时间不应超过 5s，以免绕组过热。

（5）转子绕组等值电阻的测定将 M 的副绕组脱开，主绕组加低电压，使绕组中的电流等于额定值，测取电压 U_{K0}、电流 I_{K0}及功率 P_{K0}，并记入表 8－5 中。

表 8－5 数据记录表

U_{K0}（V）	I_{K0}（A）	P_{K0}（W）	r'_2（Ω）

（6）在做负载实验时，负载电阻选用 DQ27 上 1800Ω 加上 900Ω 并联 900Ω 共 2250Ω 阻值。电动机 M 和校正直流电机 MG 同轴连接（MG 的接线参照实验一中图 1－2 所示），接通交流电源，升高电压至 U_N 并保持不变。

（7）保持 MG 的励磁电流 I_f 为规定值，再调节 MG 的负载电流 I_F，使电动机在（1.1～0.25）P_N 范围内测取定子电流 I、输入功率 P_1、转矩 T_2、转速 n，共测取 6～8 组数据，其中额定点必测，记入表 8－6 中。

表 8－6 数据记录表 $U_N = 220V$，I_f = ______ mA

序 号									
I（A）									
P_1（W）									
I_F（A）									
n（r/min）									
T_2（N·m）									
P_2（W）									
$\cos\varphi$									
S（%）									
η（%）									

五、实验报告

(1) 由实验数据计算出电机参数。

1) 由空载实验数据计算参数 Z_0、X_0、$\cos\varphi_0$

空载阻抗：
$$Z_0 = U_0/I_0$$

式中　U_0——对应于额定电压值时的空载实验电压（V）；

I_0——对应于额定电压值时的空载实验电流（A）。

空载电抗：
$$X_0 = Z_0\sin\varphi_0$$

式中　φ_0——空载实验对应于额定电压时电压和电流的相位差（可由 $\cos\varphi_0 = P_0/(U_0I_0)$ 求得 φ_0）。

2) 由短路实验数据计算 r'_2、$X_{1\sigma}$、$X_{2\sigma}$、X_m。

短路阻抗：
$$Z_{K0} = U_{K0}/I_{K0}$$

转子绕组等效电阻：
$$r'_2 = \frac{P_{K0}}{I_{K0}^2} - r_1$$

式中　r_1——定子主绕组电阻。

定、转子漏抗：
$$X_{1\sigma} \approx X'_{2\sigma} \approx 0.5Z_{K0}\sin\varphi_{K0}$$

式中　φ_{K0}——实验电压 U_{K0} 和电流 I_{K0} 的相位差。

可由式 $\cos\varphi_{K0} = P_{K0}/(U_{K0}I_{K0})$ 求得 φ_{K0}。

3) 励磁电抗
$$X_m = 2(X_0 - X_{1\sigma} - 0.5X'_{2\sigma})$$

式中　$X_{1\sigma}$——定子漏抗（Ω）；

$X_{2\sigma}$——转子漏抗（Ω）。

(2) 由负载试验计算出电机工作特性

$$P_1、I_1、\eta、\cos\varphi、S = f(P_2)。$$

(3) 计算出电动机的启动技术数据。

(4) 确定电容参数。

六、思考题

(1) 由电机参数计算出电机工作特性和实测数据是否有差异？是由哪些因素造成的？

(2) 电容参数该怎样决定？电容怎样选配？

实验九　三相同步电动机

一、实验目的

（1）掌握三相同步电动机的异步启动方法。
（2）测取三相同步电动机的V形曲线。
（3）测取三相同步电动机的工作特性。

二、预习要点

（1）三相同步电动机异步启动的原理及操作步骤。
（2）三相同步电动机的V形曲线是怎样的？怎样作为无功发电机（调相机）使用？
（3）三相同步电动机的工作特性怎样？怎样测取？

三、实验项目

（1）三相同步电动机的异步启动。
（2）测取三相同步电动机输出功率 $P_2 \approx 0$ 时的V形曲线。
（3）测取三相同步电动机输出功率 $P_2 = 0.5P_N$ 时的V形曲线。
（4）测取三相同步电动机的工作特性。

四、实验方法

1. 实验设备

实验设备如表9-1所示。

表9-1　实验设备

序号	型号	名称	数量
1	DQ03	导轨、测速发电机及转速表	1件
2	DQ19	校正直流测功机	1件
3	DQ14	三相凸极式同步电机	1件
4	DQ23	交流电流表	1件
5	DQ24	交流电压表	1件
6	DQ25	单三相智能功率、功率因数表	1件
7	DQ22A、DQ22B	直流电压表、毫安表、安培表	2件

续表

序号	型号	名称	数量
8	DQ26	三相可调电阻器	1件
9	DQ27	三相可调电阻器	1件
10	DQ31	波形测试及开关板	1件
11	DQ34	智能转矩、转速、功率测试箱	1件

2. 屏上挂件排列顺序

其排列顺序为DQ22A、DQ27、DQ23、DQ24、DQ25、DQ26、DQ31、DQ22B、DQ34。

3. 三相同步电动机的异步启动

注意：实验中若需测取输出转矩，可在MG电枢回路中串入DQ34挂件，接线同实验一中图1-2所示。

（1）按图9-1所示接线。其中R的阻值为同步电动机MS励磁绕组电阻的10倍（约90Ω），选用DQ26上90Ω固定电阻。R_f选用DQ26上90Ω串联90Ω加上90Ω并联90Ω共225Ω阻值。R_{f1}选用DQ27上900Ω串联900Ω共1800Ω阻值并调至最小。R_2选用DQ27上900Ω串联900Ω加上900Ω并联900Ω共2250Ω阻值并调至最大。MS为DQ14（Y接法，额定电压$U_N=220V$）。

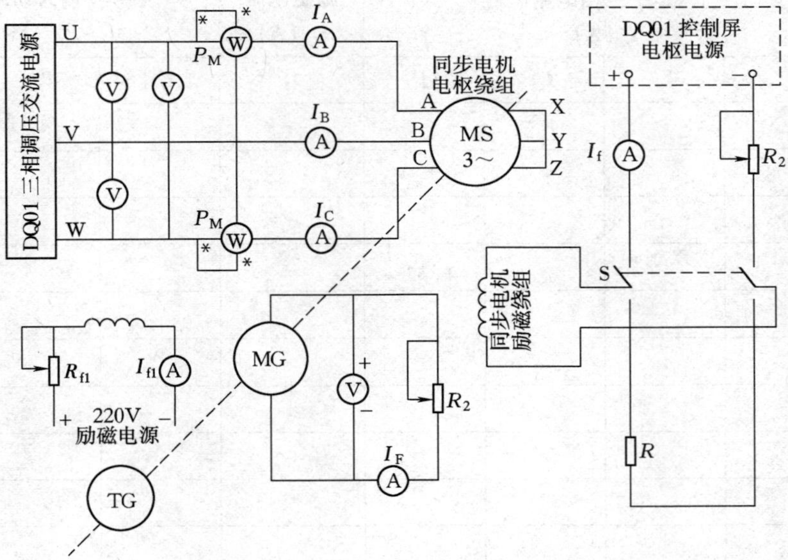

图9-1　三相同步电动机实验接线

（2）将开关S闭合于直流电枢励磁电源一侧（图9-1中为上端），将控制屏左侧调压器旋钮向逆时针方向旋转至零位。接通电源总开关，并按下“开”按钮。调节励磁电源调压旋钮及R_f阻值（同步电机励磁电源由直流电枢电源提供），使同步电机励磁电流I_f

≈0.7A。

（3）把开关S闭合于 R 电阻一侧（图9－1中为下端），沿顺时针方向调节调压器旋钮，使升压至同步电动机额定电压220V，观察电机旋转方向，若不符合则应调整相序使电机旋转方向符合要求。

（4）当转速接近同步转速1500r/min时，把开关S迅速从下端切换到上端让同步电动机励磁绕组加直流励磁而强制拉入同步运行，异步启动同步电动机的整个启动过程完毕。

4. 测取三相同步电动机输出功率 $P_2 \approx 0$ 时的V形曲线

（1）同步电动机空载（轴端不连接校正直流测功机DQ19）按上述方法启动同步电动机。

（2）调节同步电动机的励磁电流 I_f 并使 I_f 增加，这时同步电动机的定子三相电流 I 亦随之增加直至达额定值，记录定子三相电流 I 和相应的励磁电流 I_f、输入功率 P_1。

（3）调节 I_f 使 I_f 逐渐减小，这时 I 亦随之减小直至最小值，记录此时MS的定子三相电流 I、励磁电流 I_f 及输入功率 P_1。

（4）继续减小同步电动机的磁励电流 I_f，直到同步电动机的定子三相电流反而增大达额定值。

（5）在这过励和欠励范围内读取数据9~11组，并记入表9－2中。

表9－2 数据记录表

n = ________ r/min；U = ________ V；$P_2 \approx 0$

序号	定子三相电流 I（A）				励磁电流 I_f（A）	输入功率 P_1（W）		
	I_A	I_B	I_C	I	I_f	P_I	P_{II}	P_1

表中：

$$I = (I_A + I_B + I_C)/3$$

$$P_1 = P_I + P_{II}$$

5. 测取三相同步电动机输出功率 $P_2 \approx 0.5P_N$ 时的V形曲线

（1）同轴连接校正直流电机MG（按他励发电机接线）作MS的负载。

（2）按异步启动方法启动同步电动机，保持直流电机的励磁电流为规定值（100mA），改变直流电机负载电阻 R_2 的大小，使同步电动机输出功率 P_2 改变。直至同步电动机输出功率接近于 $0.5P_N$ 且保持不变。

输出功率按下式计算：

$$P_2 = 0.105nT_2$$

式中　n——电机转速（r/min）；

T_2——由 DQ34 智能转矩测试箱直接测出输出转矩（N·m）。

（3）调节同步电动机的励磁电流 I_f 使 I_f 增加，这时同步电动机的定子三相电流 I 亦随之增加，直到同步电动机达额定电流，记录定子三相电流 I 和相应的励磁电流 I_f、输入功率 P_1。

（4）调节 I_f 使 I_f 逐渐减小，这时 I 亦随之减小直至最小值，记录此时的定子三相电流 I、励磁电流 I_f、输入功率 P_1。

（5）继续调小 I_f，这时同步电动机的定子电流 I 反而增大直到额定值。

（6）在过励和欠励范围内读取数据 9~11 组，并记入表 9-3 中。

表 9-3　数据记录表

n =________ r/min；U =________ V；$P_2 \approx 0.5P_N$

序号	定子三相电流 I（A）				励磁电流 I_f（A）	输入功率 P_1（W）		
	I_A	I_B	I_C	I	I_f	P_{I}	P_{II}	P_1

表中：

$$I = (I_A + I_B + I_C)/3$$
$$P_1 = P_{\mathrm{I}} + P_{\mathrm{II}}$$

6. 测取三相同步电动机的工作特性

（1）按异步启动方法启动同步电动机。

（2）调节直流发电机的励磁电流为规定值并保持不变。

（3）调节直流发电机的负载电流 I_F，同时调节同步电动机的励磁电流 I_f，使同步电动

机输出功率 P_2 达额定值及功率因数为 1。

(4) 保持此时同步电动机的励磁电流 I_f 恒定不变，逐渐减小直流电机的负载电流，使同步电动机输出功率逐渐减小直至为零，读取定子电流 I、输入功率 P_1、输出转矩 T_2、转速 n。共取数据 6、7 组，并记入表 9-4 中。

表 9-4 数据记录表

$U=U_N=$ ________ V; $I_f=$ ________ A; $n=$ ________ r/min

同步电动机输入								同步电动机输出			
I_A (A)	I_B (A)	I_C (A)	I (A)	P_I (W)	P_{II} (W)	P_1 (W)	$\cos\varphi$	I_F (A)	T_2 (N·m)	P_2 (W)	η (%)

表中：

$$I=(I_A+I_B+I_C)/3$$
$$P_1=P_I+P_{II}$$
$$P_2=0.105nT_2$$
$$\eta=P_2/P_1\times 100\%$$

五、实验报告

(1) 作 $P_2\approx 0$ 时同步电动机 V 形曲线 $I=f(I_f)$，并说明定子电流的性质。

(2) 作 $P_2\approx 0.5P_N$ 时同步电动机的 V 形曲线 $I=f(I_f)$，并说明定子电流的性质。

(3) 作同步电动机的工作特性曲线：I、P、$\cos\varphi$、T_2、$\eta=f(P_2)$。

六、思考题

(1) 同步电动机异步启动时先把同步电动机的励磁绕组经一可调电阻 R 构成回路，这可调电阻的阻值调节在同步电动机的励磁绕组电阻值的 10 倍，这电阻在启动过程中的作用是什么？若这电阻为零时又将怎样？

(2) 在保持恒功率输出测取 V 形曲线时输入功率将有什么变化？为什么？

(3) 对这台同步电动机的工作特性作一评价。

实验十　直流他励电动机在各种运行状态下的机械特性

一、实验目的

了解和测定他励直流电动机在各种运行状态下的机械特性。

二、预习要点

(1) 改变他励直流电动机机械特性的方法有哪些?

(2) 他励直流电动机在什么情况下，从电动机运行状态进入回馈制动状态?他励直流电动机回馈制动时，能量传递关系、电动势平衡方程式及机械特性又是什么情况?

(3) 他励直流电动机反接制动时，能量传递关系、电动势平衡方程式及机械特性。

三、实验项目

(1) 电动及反接制动状态下的机械特性。

(2) 能耗制动状态下的机械特性。

四、实验方法

1. 实验设备

实验设备如表 10－1 所示。

表 10－1　实验设备

序号	型号	名称	数量
1	DQ03	导轨、测速发电机及转速表	1 件
2	DQ09	直流并励电动机	1 件
3	DQ19	校正直流测功机	1 件
4	DQ22A、DQ22B	直流电压表、毫安表、安培表	2 件
5	DQ26	三相可调电阻器	1 件
6	DQ27	三相可调电阻器	1 件
7	DQ29	可调电阻器	1 件
8	DQ31	波形测试及开关板	1 件
9	DQ34	智能转矩、转速、功率测试箱	1 件

2. 屏上挂件排列顺序

其排列顺序为 DQ31、DQ22A、DQ27、DQ26、DQ22B、DQ29、DQ34。

按图 10－1 所示接线，图中 M 用编号为 DQ09 的直流并励电动机（接成他励方式），MG 用编号为 DQ19 的校正直流测功机，直流电压表 PV_1、PV_2 的量程为 300V，直流电流表 PA_1、PA_3 的量程为 200mA，PA_2、PA_4 的量程为 5A。R_1、R_2、R_3 及 R_4 依不同的实验而选不同的阻值。

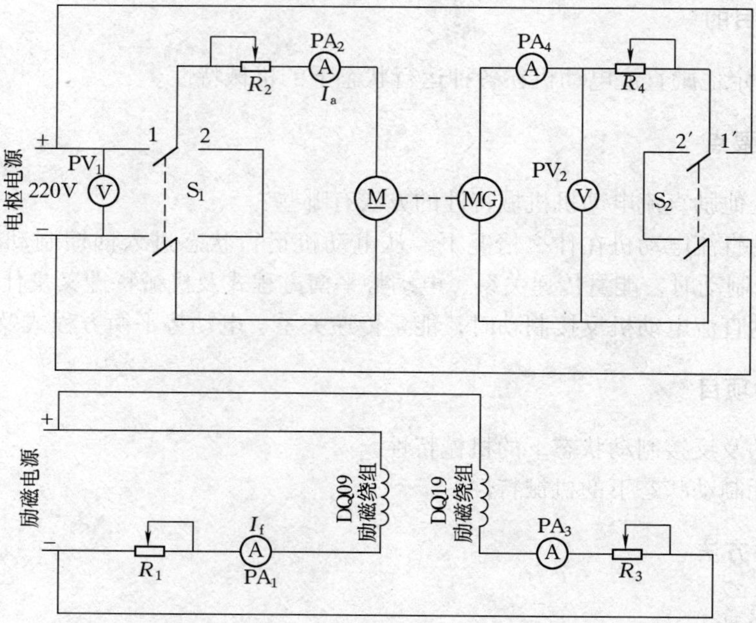

图 10－1　他励直流电动机机械特性测定的实验接线

注意： 实验中若需测取输出转矩，可在 MG 电枢回路中串入 DQ34 挂件。

3. $R_2=0$ 时电动及回馈制动状态下的机械特性

（1）R_1、R_2 分别选用 DQ29 的 3750Ω 和 185Ω 阻值，R_3 选用 DQ27 上 4 只 900Ω 串联共 3600Ω 阻值，R_4 选用 DQ27 上 1800Ω 再加上 DQ26 上 6 只 90Ω 串联共 2340Ω 阻值。

（2）R_1阻值置最小位置，R_2、R_3 及 R_4 阻值置最大位置，转速表置正向偏转位置。开关 S_1、S_2 选用 DQ31 挂箱上的对应开关，并将 S_1 合向 1 电源端，S_2 合向 2′短接端（如图 10－1 所示）。

（3）开机时需检查控制屏下方左、右两边的“励磁电源”开关及“电枢电源”开关都须在断开的位置，然后按次序先开启控制屏上的“电源总开关”，再按下“开”按钮，随后接通“励磁电源”开关，最后检查 R_2 阻值确在最大位置时接通“电枢电源”开关，使他励直流电动机 M 启动运转。调节“电枢电源”电压为 220V；调节 R_2 阻值至零位置，调节 R_3 阻值，使电流表 PA_3 为 100mA。

（4）调节电动机 M 的磁场调节电阻 R_1阻值，和电机 MG 的负载电阻 R_4 阻值（先调节

DQ27 上 1800Ω 阻值，调至最小后应用导线短接）。使电动机 M 的 $n=n_N=1500$r/min，$I_N=I_f+I_a=1.25$A。此时他励直流电动机的励磁电流 I_f 为额定励磁电流 I_{fN}。保持 $U=U_N=220$V，$I_f=I_{fN}$，PA_3 表为 100mA。增大 R_4 阻值，直至空载（将开关 S_2 拨至中间断开位置），测取电动机 M 在额定负载至空载范围的 n、I_a，共取 8、9 组数据并记入表10－2中。

表 10－2　数据记录表　　$U_N=220$V，$I_{fN}=$________ mA

I_a（A）									
n（r/min）									

（5）将开关 S_2 仍处于断开位置，把 R_4 调至零值位置（其中 DQ27 上 1800Ω 阻值调至零值后用导线短接），再减小 R_3 阻值，使 MG 的空载电压与电枢电源电压值接近相等（在开关 S_2 两端测），并且极性相同，把开关 S_2 合向 1′端。

（6）保持电枢电源电压 $U=U_N=220$V，$I_f=I_{fN}$，调节 R_3 阻值，使阻值增加，电动机转速升高，当 PA_2 表的电流值为 0 时，此时电动机转速为理想空载转速，继续增加 R_3 阻值，使电动机进入第二象限回馈制动状态运行，直至转速约为 1900r/min，测取 M 的 n、I_a。共取 8、9 组数据并记入表 10－3 中。

表 10－3　数据记录表　　$U_N=220$V，$I_{fN}=$________ mA

I_a（A）									
n（r/min）									

（7）停机（先关断“电枢电源”开关，再关断“励磁电源”开关，并将开关 S_2 合向至 2′端）。

4. $R_2=400Ω$ 时的电动机运行及反接制动状态下的机械特性

（1）在确保断电条件下，改接图 10－1，R_1阻值不变，R_2 用 DQ27 的 900Ω 与 900Ω 并联并用万用表调定在 400Ω，R_3 用 DQ29 的 185Ω 阻值，R_4 用 DQ27 上 1800Ω 阻值加上 DQ26 上 6 只 90Ω 电阻串联共 2340Ω 阻值。

（2）转速表置正向偏转位置，S_1 合向 1 端，S_2 合向 2′端（短接线仍拆掉，即将开关 S_2 处于中间断开位置），把电机 MG 电枢的两个插头对调，R_1、R_3 置最小值，R_2 置 400Ω 阻值，R_4 置最大值。

（3）先接通“励磁电源”，再接通“电枢电源”，使电动机 M 启动运转，在 S_2 两端测量测功机 MG 的空载电压是否和“电枢电源”的电压极性相反。若极性相反，检查 R_4 阻值确在最大位置时可把 S_2 合向 1′端。

（4）保持电动机的“电枢电源”电压 $U=U_N=220$V，$I_f=I_{fN}$不变，逐渐减小 R_4 阻值（先减小 DQ29 上 1800Ω 阻值，调至零值后用导线短接），使电动机减速直至为零。观察转速表显示符号的变化。然后继续减小 R_4 阻值，使电动机进入“反向”旋转，转速在反方向上逐渐上升，此时电动机工作于电势反接制动状态运行，直至电动机 M 的 $I_a = I_{aN}$，测取电动机在 1、4 象限的 n、I_a 共取 12、13 组数据并记入表 10－4 中。

表 10－4　数据记录表

$U_N = 220V$，$I_{fN} =$ ________ mA，$R_2 = 400\Omega$

I_a（A）												
n（r/min）												

（5）停机（必须记住先关断“电枢电源”而后关断“励磁电源”的次序，并随手将 S_2 合向到 2′端）。

5. 能耗制动状态下的机械特性

（1）在图 10－1 中，R_1 阻值不变，R_2 用 DQ29 的 185Ω 固定阻值，R_3 用 DQ27 的 1800Ω 可调电阻，R_4 阻值不变。

（2）S_1 合向 2 短接端，R_1 置最大位置，R_3 置最小值位置，R_4 调定 180Ω 阻值，S_2 合向 1′端。

（3）先接通“励磁电源”，再接通“电枢电源”，使校正直流测功机 MG 启动运转，调节“电枢电源”电压为 220V，调节 R_1 使电动机 M 的 $I_f = I_{fN}$，调节 R_3 使电机 MG 励磁电流为 100mA，先减少 R_4 阻值使电动机 M 的能耗制动电流 $I_a = 0.8I_{aN}$，然后逐次增加 R_4 阻值，其间测取 M 的 I_a、n 共取 8、9 组数据并记入表 10－5 中。

表 10－5　数据记录表　　$R_2 = 180\Omega$，$I_N =$ ________ mA

I_a（A）								
n（r/min）								

（4）把 R_2 调定在 90Ω 阻值，重复上述实验操作步骤（2）、（3），测取 M 的 I_a、n 共取 5～7 组数据并记入表 10－6 中。

表 10－6　数据记录表　　$R_2 = 90\Omega$，$I_{fN} =$ ________ mA

I_a（A）								
n（r/min）								

当忽略不变损耗时，可近似认为电动机轴上的输出转矩等于电动机的电磁转矩 $T = C_M \Phi I_a$，他励电动机在磁通 Φ 不变的情况下，其机械特性可以由曲线 $n = f(I_a)$ 来描述。

五、注意事项

（1）注意实验中的各项实验条件。

（2）注意合理选取各参数的大小。

六、实验报告

根据实验数据，绘制他励直流电动机运行在第一、第二、第四象限的电动和制动状态及能耗制动状态下的机械特性 $n = f(I_a)$（用同一坐标纸绘出）。

七、思考题

（1）改变他励直流电动机机械特性有哪些方法？各自的曲线是怎样得到的？

（2）他励直流电动机在什么情况下，从电动机运行状态进入回馈制动状态？他励直流电动机回馈制动时，能量传递关系、电动势平衡方程式及机械特性又是什么情况？

（3）他励直流电动机能耗制动时，能量传递关系、电动势平衡方程式及机械特性各是怎样的？

实验十一　三相异步电动机在各种运行状态下的机械特性

一、实验目的

了解三相线绕式异步电动机在各种运行状态下的机械特性。

二、预习要点

（1）如何利用现有设备测定三相线绕式异步电动机的机械特性？

（2）测定各种运行状态下的机械特性应注意哪些问题？

（3）如何根据所测出的数据计算被测试电动机在各种运行状态下的机械特性？

三、实验项目

（1）测定三相线绕式转子异步电动机在 $R_S=0$ 时，电动运行状态下的机械特性。

（2）测定三相线绕式转子异步电动机在 $R_S=15\Omega$ 时，测定电动状态下的机械特性。

（3）$R_S=15\Omega$，定子绕组加直流励磁电流 $I_1=0.6I_N$ 及 $I_2=I_N$ 时，分别测定能耗制动状态下的机械特性。

四、实验方法

1. 实验设备

实验设备如表 11－1 所示。

表 11－1　实验设备

序号	型号	名称	数量
1	DQ03	导轨、测速发电机及转速表	1 件
2	DQ19	校正直流测功机	1 件
3	DQ11	三相线绕式异步电动机	1 件
4	DQ22A、DQ22B	直流电压表、毫安表、安培表	2 件
5	DQ23	交流电流表	1 件
6	DQ24	交流电压表	1 件
7	DQ25	单三相智能功率、功率因数表	1 件
8	DQ26	三相可调电阻器	1 件

续表

序号	型号	名称	数量
9	DQ27	三相可调电阻器	1件
10	DQ29	可调电阻器	1件
11	DQ31	波形测试及开关板	1件

2. 屏上挂件排列顺序

其排列顺序为DQ23、DQ24、DQ25、DQ31、DQ22A、DQ29、DQ27、DQ26、DQ22B。

3. 测取 $R_S=0$ 时的电动状态下的机械特性

注意：

1）图11-1中线绕式电动机转子回路接编号为DQ12的启动调速电阻箱。

2）若实验不要求计算电动机的输入功率，可不接功率表。

3）实验若需选择测取电动机的输出转矩 T_2，可串接DQ34挂件。

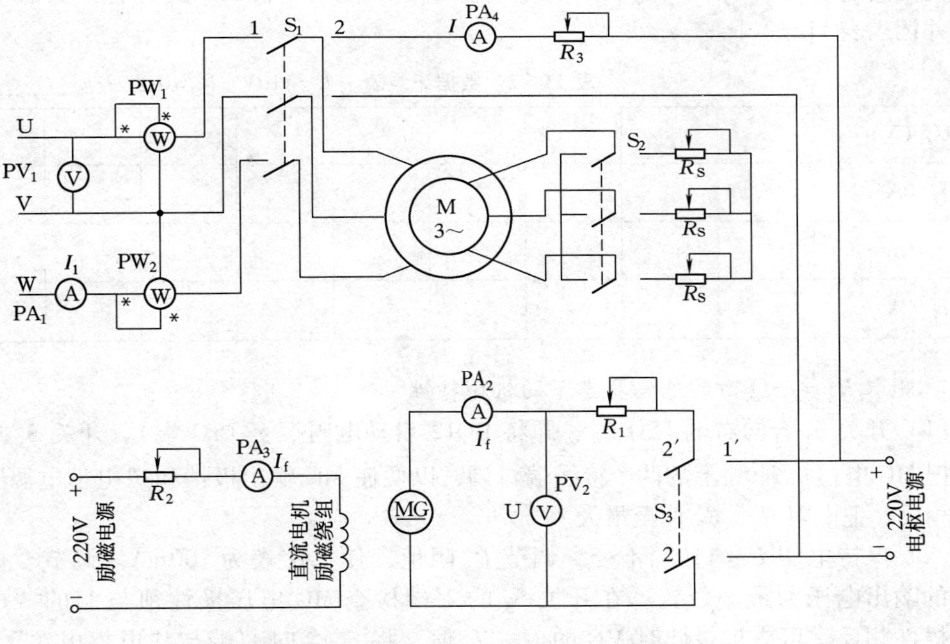

图11-1　三相线绕式转子异步电动机机械特性接线

（1）按图11-1所示接线，图中M用编号为DQ11的三相线绕式异步电动机，额定电压为220V，Y接法。MG用编号为DQ19的校正直流测功机。S_1、S_2、S_3 选用DQ31挂箱上的对应开关，并将 S_1 合向左边1端，S_2 合在左边短接端（即线绕式电机转子短路），S_3 合在2′位置。R_1 选用DQ29的185Ω阻值加上DQ27上4只900Ω串联再加两只900Ω并联共4230Ω阻值，R_2 选用DQ29上3750Ω阻值，R_S 选用DQ12启动调速电阻箱15Ω阻值，R_3 暂不接。直流电表 PA_2、PA_4 的量程为5A，PA_3 量程为200mA，PV_2 的量程为1000V，交流电表 PV_1 的量程为150V，PA_1 量程为2.5A。转速表置正向偏转。

（2）确定 S_1 合在左边1端，S_2 合在左边短接端，S_3 合在2′位置，M的定子绕组接成星形的情况下。把 R_1、R_2 阻值置最大位置，将控制屏左侧三相调压器旋钮向逆时针方向旋到底，即把输出电压调到零。

（3）检查控制屏下方“直流电机电源”的“励磁电源”开关及“电枢电源”开关都须在断开位置。接通三相调压“电源总开关”，按下“开”按钮，旋转调压器旋钮使三相交流电压慢慢升高，观察电机转向是否符合要求。若符合要求则升高到 $U=110V$，并在以后实验中保持不变。接通“励磁电源”，调节 R_2 阻值，使 PA_3 表为100mA并保持不变。

（4）接通控制屏右下方的“电枢电源”开关，在开关 S_3 的2′端测量电机MG的输出电压的极性，先使其极性与 S_3 开关1′端的电枢电源相反。在 R_1 阻值为最大的条件下将 S_3 合向1′位置。

（5）调节“电枢电源”输出电压或 R_1 阻值，使电动机从接近于堵转到接近于空载状态，其间测取电机MG的 U_a、I_a、n 及电动机M的交流电流表 PA_1 的 I_1 值，共取8、9组数据并记入表11－2中。

表11－2　数据记录表　$U=110V$，$R_S=0\Omega$，$I_f=$________mA

U_a（V）									
I_a（A）									
n（r/min）									
I_1（A）									

4. 测取 $R_S=15\Omega$ 时的电动状态下的机械特性

（1）开关 S_2 合向右端15Ω端（即将DQ12启动电阻拨至15Ω端）。开关 S_3 拨向2′端，把MG电枢接到 S_3 上的两个接线端对调，以便使MG输出极性和“电枢电源”输出极性相反。把电阻 R_1、R_2 调至最大。

（2）保持电压 $U=110V$ 不变，调节 R_2 阻值，使 PA_3 表为100mA。调节“电枢电源”的输出电压为最小位置。在开关 S_3 的2′端检查MG电压极性须与1′的“电枢电源”极性相反。可先记录此时MG的 U_a、I_a 值，将 S_3 合向1′端与“电枢电源”接通。测量此时电机MG的 U_a、I_a、n 及 PA_1 表的 I_1 值，减小 R_1 阻值（先调DQ27上4个900Ω串联的电阻）或调高“电枢电源”输出电压使电动机M的 n 下降，直至 n 为零（注意观察转速表的符号变化），并把 R_1 的DQ27上4个900Ω串联电阻调至零值位置后应用导线短接，继续减小 R_1 阻值或调高电枢电压使电机反向运转。直至 $n=1300r/min$ 为止，在该范围内测取电机MG的 U_a、I_a、n 及 PA_1 表的 I_1 值。共取11、12组数据并记入表11－3中。

表 11-3　数据记录表　$U=110V$，$R_S=15\Omega$，$I_f=$________mA

U_a（V）												
I_a（A）												
n（r/min）												
I_1（A）												

（3）停机（先将 S_3 合至2′端，关断“电枢电源”再关断“励磁电源”，调压器调至零位，按下“关”按钮）。

5. 能耗制动状态下的机械特性

（1）确认在“停机”状态下。把开关 S_1 合向右边2端，R_S 仍保持15Ω不变，S_3 合向左边2′端，R_1 用DQ29上185Ω阻值并调至最大，R_2 用DQ27上1800Ω阻值并调至最大，R_3 用DQ27上900Ω与900Ω并联再加上900Ω与900Ω并联共900Ω阻值并调至最大。

（2）开启“励磁电源”，调节 R_2 阻值，使 A_3 表 $I_f=100mA$，开启“电枢电源”，调节电枢电源的输出电压 $U=220V$，再调节 R_3 使电动机M的定子绕组流过 $I=0.6I_N=0.36A$，并保持不变。

（3）在 R_1 阻值为最大的条件下，把开关 S_3 合向右边1′端，减小 R_1 阻值，使电机MG启动运转后转速约为1500r/min，增大 R_1 阻值或减小电枢电源电压（但要保持 PA_4 表的电流 I 不变）使电机转速下降，直至转速 $n\approx50r/min$，其间测取电机MG的 U_a、I_a 及 n 值，共取10、11组数据并记入表11-4中。

表 11-4　数据记录表　$R_S=15\Omega$，$I=0.36A$，$I_f=$________mA

U_a（V）											
I_a（A）											
n（r/min）											

（4）停机［同实验第4点的（3）］。

（5）调节 R_3 阻值，使电动机M的定子绕组流过的励磁电流 $I=I_N=0.6A$。重复上述操作步骤，测取电动机MG的 U_a、I_a 及 n 值，共取10、11组数据并记入表11-5中。

五、注意事项

（1）调节串联的可调电阻时，要根据电流值的大小相应选择调节不同电流值的电阻，防止个别电阻器因过流而引起烧坏。

表 11-5 数据记录表 $R_S=15\Omega$，$I=0.6A$，$I_f=$ ________ mA

U_a（V）											
I_a（A）											
n（r/min）											

（2）注意实验中的保持条件，连接电路时注意将导线完全插入插孔内。

（3）电动机重新启动时，一定要遵守电动机启动操作规程，并注意开机和关机的次序。

（4）实验中若出现告警现象，应停机检查线路是否正确，找出原理并重新操作。

六、实验报告

（1）根据实验数据绘制各种运行状态下的机械特性。

电动机在平衡状态时：

$$T=\frac{9.55}{n}[P_0-(U_aI_a-I_a^2R_a)]$$

电动机在电动状态时：

$$T=\frac{9.55}{n}[P_0+(U_aI_a-I_a^2R_a)]$$

式中 T——受试异步电动机 M 的输出转矩（N·m）；

U_a——测功机 MG 的电枢端电压（V）；

I_a——测功机 MG 的电枢电流（A）；

R_a——测功机 MG 的电枢电阻（Ω），可由实验室提供（$R_a=8.3\Omega$）；

P_0——对应某转速 n 时的某空载损耗（W）。

注意：上式计算的 T 值为电动机在 $U=110V$ 时的值，实际的转矩值应折算为额定电压时的异步电机转矩。

（2）绘制电机 M-MG 机组的空载损耗曲线 $P_0=f(n)$。

七、思考题

（1）如何利用现有设备测定三相线绕式异步电动机的机械特性？

（2）测定各种运行状态下的机械特性应注意哪些问题？

（3）如何根据所测出的数据计算被试电动机在各种运行状态下的机械特性？

实验十二　三相异步电动机的点动和自锁控制线路

一、实验目的

（1）通过对三相异步电动机点动控制和自锁控制线路的实际安装接线，掌握由电气原理图变换成安装接线图的知识。

（2）通过实验进一步加深理解点动控制和自锁控制的特点以及在机床控制中的应用。

（3）掌握两地控制的特点，使学生对机床控制中两地控制有感性的认识。

二、预习要求

（1）预习三相异步电动机的点动控制、自锁控制、多地点控制和既点动又长动的控制线路。

（2）分析图 12－1 和图 12－2 所示控制线路的区别和异同，试分析如何接线最方便？

（3）试分析图 12－1 所示控制线路中各点之间的元件，写出连线步骤。

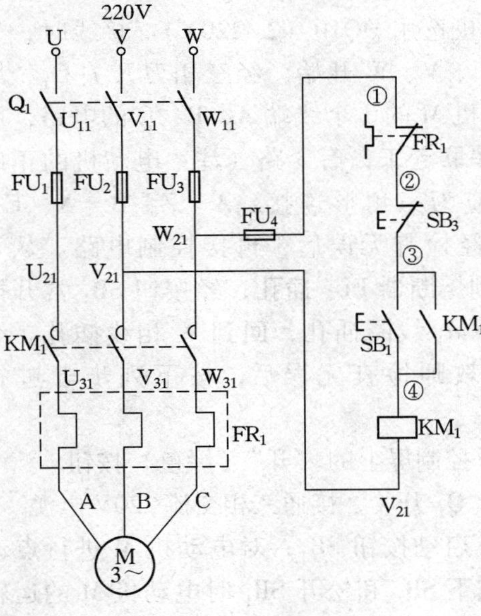

图 12－1　自锁控制线路

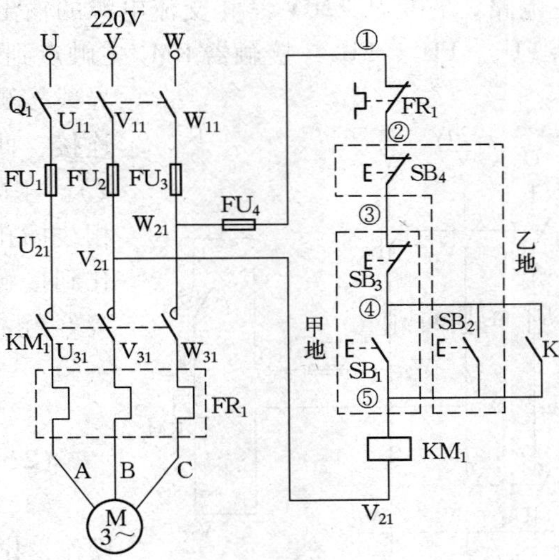

图 12－2　三相异步电动机两地控制

三、实验设备

实验设备如表 12－1 所示。

表 12－1 实验设备

序号	型号	名称	数量
1	DQ10	三相笼型异步电动机（Δ/220V）	1 件
2	DQ39	继电接触控制挂箱（一）	1 件
3	DQ39－1	继电接触控制挂箱（二）	1 件

四、实验内容和步骤

实验前要检查控制屏左侧端面上的调压器旋钮须在零位，下面“直流电机电源”的“电枢电源”开关及“励磁电源”开关须在“关”断位置。开启“电源总开关”，按下启动按钮，旋转调压器旋钮将三相交流电源输出端 U、V、W 的线电压调到 220V。再按下控制屏上的“关”（红色）按钮以切断三相交流电源。以后在实验接线之前都应如此。

准备好实验用挂件，按 DQ39－1、DQ39 的排列顺序在实验屏上挂好。

1. 三相异步电动机点动控制线路

按图 12－3 所示接线。图中 SB_1、KM_1、FR_1 选用 DQ39 上的元器件，Q_1、FU_1、FU_2、FU_3、FU_4 选用 DQ39－1 上的元器件，电动机选用 DQ10（Δ/220V）。接线时，先接主电路，它是从 220V 三相交流电源的输出端 U、V、W 开始，经三相刀开关 Q_1、熔断器 FU_1、FU_2、FU_3、接触器 KM_1 主触点到电动机 M 的 3 个线端 A、B、C 的电路，用导线按顺序串联起来，有 3 路（注：电动机的正确连接，此时应为三角形连接，A－Z，B－X，C－Y）。主电路经检查无误后，再接控制电路。从 V 相线插孔，到熔断器 FU_4 插孔，经按钮 SB_1 常开插孔到接触器 KM_1 线圈插孔，回到 W 相线插孔。线接好经指导教师检查无误后，按下列步骤进行实验：

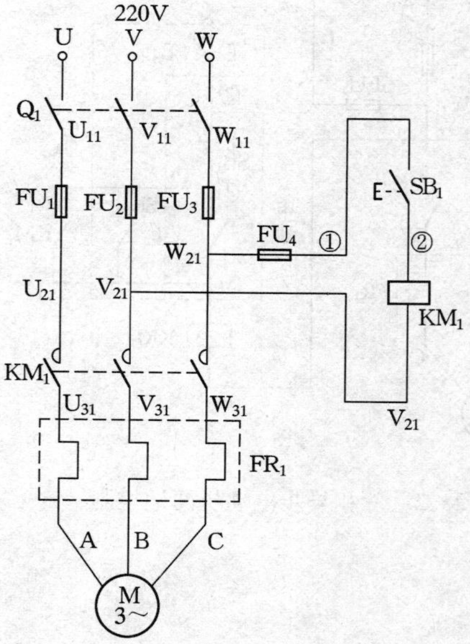

图 12－3 点动控制线路

（1）按下控制屏上的“开”（绿色）按钮。

（2）合上 Q_1 开关，接通三相交流 220V 电源。

（3）按下启动按钮 SB_1，对电动机 M 进行点动操作，比较按下 SB_1 和松开 SB_1 时电动机 M 的运转情况。

（4）选 KM_1 的一对常开辅助触头，用两条线分别接 SB_1 的常开触头，再按下 SB_1 并松开，观察电动机的运行情况，此时如何让电动机停下来？需要如何处理？

（5）关闭 Q_1 开关，按下控制屏上的“关”（红色）按钮。

2. 三相异步电动机自锁控制线路

保持主电路不变，控制电路按图 12－1 所示进行接线，图中 SB_1、SB_3、KM_1、FR_1 选用 DQ39 上的元器件，电机选用 DQ10（Δ/220V）（注：SB_3 作停止按钮，是利用其常闭触头）。

经检查无误后，启动电源进行实验：

（1）按下控制屏上的“开”（绿色）按钮。

（2）合上开关 Q_1，接通三相交流 220V 电源。

（3）按下启动按钮 SB_1，松手后观察电动机 M 的运转情况。

（4）按下停止按钮 SB_3，松手后观察电动机 M 的运转情况。

（5）关闭 Q_1 开关，按下控制屏上的“关”（红色）按钮。

3. 三相异步电动机两地控制

保持主电路不变，控制电路按图 12－2 所示进行接线，图中 SB_1、SB_2、SB_3、KM_1、FR_1 选用 DQ39 上的元器件，SB_4 选用编号为 DQ39－1 的元器件，电动机选用 DQ10（Δ/220V）（注：SB_3、SB_4 作停止按钮，是利用其常闭触头）。

（1）按下屏上启动（绿色）按钮，合上开关 Q_1，接通 220V 三相交流电源。

（2）按下 SB_1，观察电动机及接触器运行状况。

（3）按下 SB_3，观察电动机及接触器运行状况。

（4）按下 SB_2，观察电动机及接触器运行状况。

（5）按下 SB_4，观察电动机及接触器运行状况。

（6）关闭 Q_1 开关，按下控制屏上的“关”（红色）按钮。

4*. 三相异步电动机既可点动又可自锁控制线路

保持主电路不变，控制线路按图 12－4 所示进行接线，图中 SB_1、SB_2、SB_3、KM_1、FR_1 选用 DQ39 挂件，电动机选用 DQ10（Δ/220V）。

（1）按下屏上启动（绿色）按钮，合上开关 Q_1，接通 220V 三相交流电源。

（2）按下启动按钮 SB_1，松手后观察电动机 M 是否继续运转。

（3）按下 SB_2，然后松开，电机 M 是否停转。

（4）按下停止按钮 SB_3，松手后观察 M 是否停转。

（5）关闭 Q_1 开关，按下控制屏上的

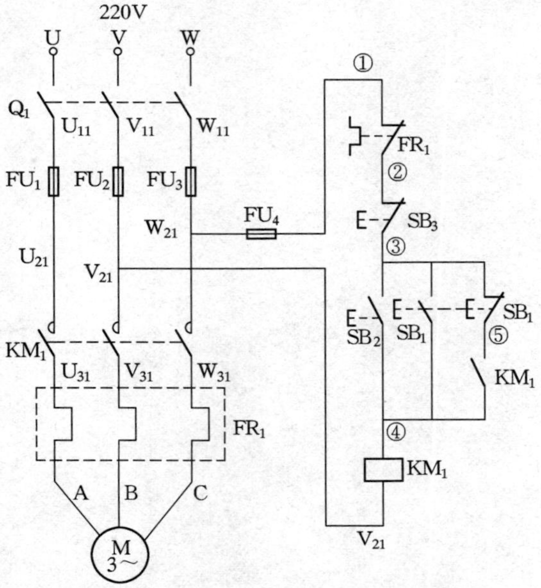

图 12－4　三相异步电动机既可点动又可自锁控制线路

“关”（红色）按钮。

五、思考题

（1）试分析什么叫点动？什么叫自锁？并比较图 12－1 和图 12－3 所示的结构和功能上有什么区别？

（2）图中各个电器如 Q_1、FU_1、FU_2、FU_3、FU_4、KM_1、FR、SB_1、SB_2、SB_3 各起什么作用？已经使用了熔断器为何还要使用热继电器？已经有了开关 Q_1 为何还要使用接触器 KM_1？

（3）图 12－1 所示电路能否对电动机实现过流、短路、欠压和失压保护？

（4）画出图 12－1 和图 12－4 电路的工作原理流程。

实验十三　三相异步电动机的正、反转控制线路

一、实验目的

（1）通过对三相异步电动机正、反转控制线路的接线，掌握由电路原理图接成实际操作电路的方法。

（2）掌握三相异步电动机正、反转的原理和方法。

（3）通过对工作台自动往返循环控制线路的实际安装接线，掌握由电气原理图变换成安装接线图的方法，掌握行程控制中行程开关的作用及在机床电路中的应用。

（4）通过实验进一步加深自动往返循环控制在机床电路中的应用场合。

二、预习要求

（1）预习电动机正、反转的工作原理，熟悉电路接线，理解控制线路中各点的意义。

（2）理解工作台自动往返循环控制线路的工作原理，会分析其控制线路的工作流程。

（3）对比图 13－1 和图 13－2（a）中的控制线路，理出从图 13－1 到图 13－2（a）改变接线的方法。

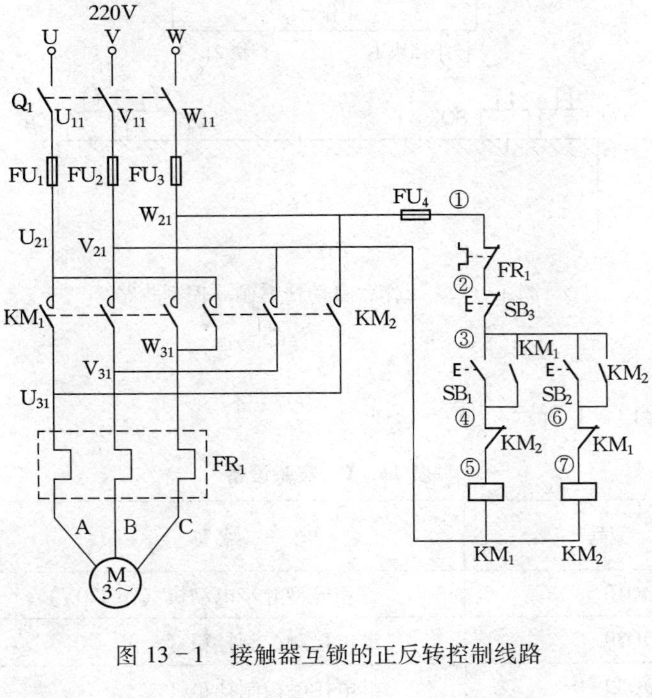

图 13－1　接触器互锁的正反转控制线路

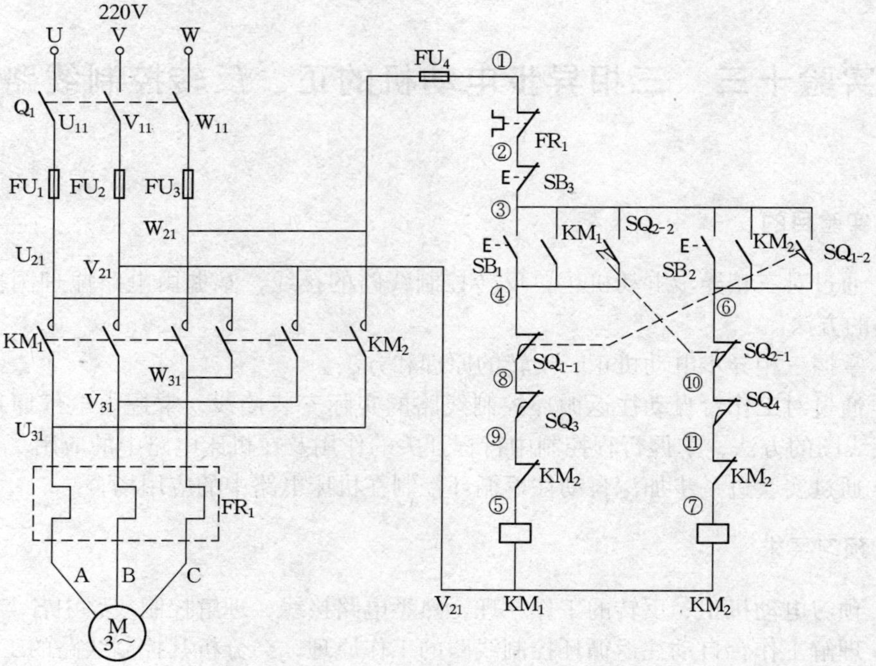

(a)

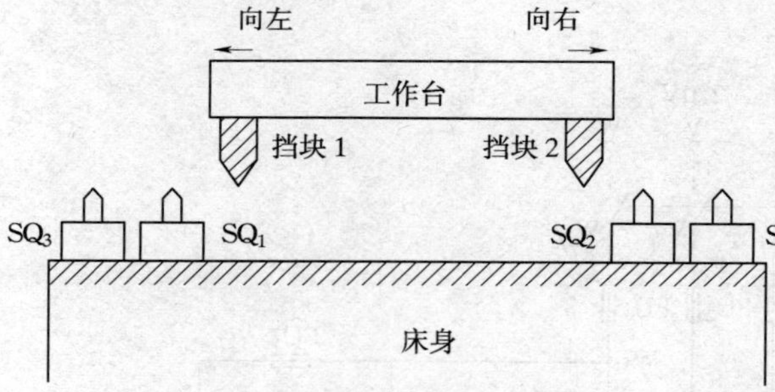

(b)

图 13-2 工作台自动往返循环控制线路

三、实验设备

实验设备如表 13-1 所示。

表 13-1 实验设备

序号	型号	名称	数量
1	DQ10	三相笼型异步电动机（Δ/220V）	1 件
2	DQ39	继电接触控制挂箱（一）	1 件
3	DQ39-1	继电接触控制挂箱（二）	1 件

四、实验内容与步骤

实验前要检查控制屏左侧端面上的调压器旋钮须在零位，下面“直流电机电源”的“电枢电源”开关及“励磁电源”开关须在“关”断位置。开启“电源总开关”，按下启动按钮，旋转调压器旋钮将三相交流电源输出端 U、V、W 的线电压调到 220V。再按下控制屏上的“关”（红色）按钮以切断三相交流电源。

准备好实验用挂件，按 DQ39－1、DQ39 的排列顺序在实验屏上挂好。

1. 倒顺开关正反转控制线路

（1）按图 13－3 所示接线。图中 Q_1（用以模拟倒顺开关）、FU_1、FU_2、FU_3 选用 DQ39－1 上的元器件，电动机选用 DQ10（Δ/220V）（注：电动机的正确连接，此时应为三角形连接，A－Z，B－X，C－Y）。

（2）启动电源后，把开关 Q_1 扳向“左合”位置，观察电动机转向。

（3）运转半分钟后，把开关 Q_1 扳向“断开”位置后，再扳向“右合”位置，观察电动机转向。

（4）关闭 Q_1 开关，按下控制屏上的“关”（红色）按钮。拆除所有连接导线。

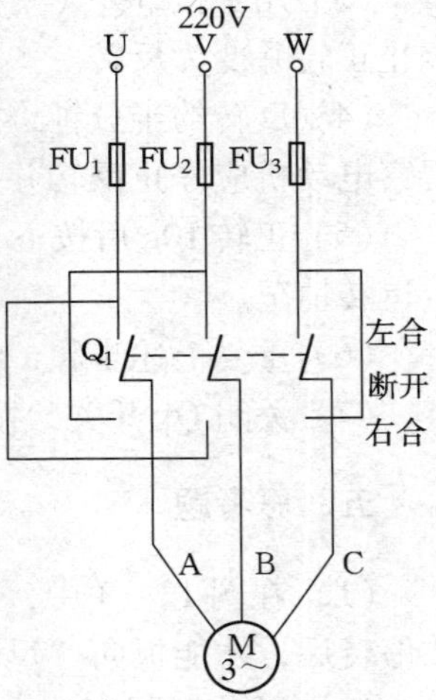

图 13－3　倒顺开关正反转控制线路

2. 接触器互锁正反转控制线路

（1）按图 13－1 所示接线。图中 SB_1、SB_2、SB_3、KM_1、KM_2、FR_1 选用 DQ39 件，Q_1、FU_1、FU_2、FU_3、FU_4 选用 DQ39－1 上的元器件，电动机选用 DQ10（Δ/220V）。先接主电路，后接控制电路，经指导教师检查无误后，按下“开”（绿色）按钮通电操作。

注意： 连接 KM1 和 KM2 的主触头时，注意调相操作，否则电动机不会反转。

（2）合上电源开关 Q_1，接通 220V 三相交流电源。

（3）按下 SB_1，观察并记录电动机 M 的转向、接触器自锁和互锁触点的通、断情况。

（4）按下 SB_3，观察并记录 M 的运转状态及接触器各触点的通断情况。

（5）按下 SB_2，观察并记录 M 的转向、接触器自锁和互锁触点的通、断情况。

（6）关闭 Q_1 开关，按下控制屏上的“关”（红色）按钮。

3. 工作台自动往返循环控制线路

图 13－2（a）所示为控制线路图，13－2（b）所示为示意图。当工作台的挡块停在行程开关 SQ_1 和 SQ_2 之间任意位置时，可以按下任一启动按钮 SB_1 或 SB_2 使之运行。例如，按下 SB_1，电动机正转带动工作台左进，当工作台到达终点时挡块压下终点行程开关 SQ_1，使其常闭触点 SQ_{1-1} 断开，接触器 KM_1 因线圈断电而释放，电动机停转；同时行程开关 SQ_1 的常开触电 SQ_{1-2} 闭合，使接触器 KM_2 通电吸合且自锁，电动机反转，拖动工作台向右移动；同时 SQ_1 复位，为下次正转做准备，当电动机反转拖动工作台向右移动到一定位置时，挡块 2 碰到行程开关 SQ_2，使 SQ_{2-1} 断开，KM_2 断电释放，电动机停电释放，

电动机停转；同时常开触点 SQ_{2-2} 闭合，使 KM_1 通电并自锁，电动机又开始正转，如此反复循环，使工作台在预定行程内自动反复运动。SQ_3、SQ_4 为限位行程开关，SQ_1、SQ_2 失灵时，切断电源使电动机停转。

保持图 13－1 所示线路不变，根据预习要求，分别把 4 号点和 6 号点断开，串入相应的行程开关的常闭触点，然后把常开触点并到相应的启动按钮两端。

（1）启动电源后，合上开关 Q_1，接通 220V 三相交流电源。

（2）按 SB_1 按钮，使电动机正转约 10s。

（3）用手按 SQ_1（模拟工作台左进到终点，挡块压下行程开关 SQ_1），观察电动机应停止正转并变为反转。

（4）反转约半分钟，用手压 SQ_2（模拟工作台右进到终点，挡块压下行程开关 SQ_2），观察电动机应停止反转并变为正转。

（5）正转 10s 后按下 SQ_3，观察电动机运转情况；反转 10s 后按下 SQ_4，再观察电动机运转情况。

（6）重复上述步骤，线路应能正常工作。

（7）关闭 Q_1 开关，按下控制屏上的“关”（红色）按钮。

五、思考题

（1）在图 13－3 中，欲使电动机反转为什么要把手柄扳到“停止”位置，使电动机 M 停转后，才能扳向“反转”位置使之反转，若直接扳至“反转”会造成什么后果?

（2）试分析图 13－1、图 13－2（a）所示电路的工作原理，并画出运行原理流程图。

（3）试说明图 13－2（a）中 SQ_3、SQ_4 元件的作用?

（4）为什么在正、反转控制电路中，需要加入接触器的互锁触点?

实验十四　两台异步电动机的顺序控制线路

一、实验目的

（1）通过各种不同顺序控制的接线，加深对一些特殊要求机床控制线路的了解。

（2）进一步加深学生的动手能力和理解能力，使理论知识和实际经验进行有效的结合。

二、预习要求

（1）试分析图 14－1 中各电路的工作原理，画出各电路的动作流程图。

（2）试分析图 14－1 中各电路中两台电动机的动作顺序。

（3）试比较图 14－1 中各电路控制线路的接线特点，找出从图 14－1（a）到图 14－1（b）再到图 14－1（c）接线的最佳方法。

三、实验设备

实验设备如表 14－1 所示。

表 14－1　实验设备

序号	型号	名称	数量
1	DQ10	三相笼型异步电动机（Δ/220V）	1 件
2	DQ20	三相笼型异步电动机（Δ/220V）	1 件
3	DQ39	继电接触控制挂箱（一）	1 件
4	DQ39－1	继电接触控制挂箱（二）	1 件

四、实验内容与步骤

实验前要检查控制屏左侧端面上的调压器旋钮须在零位，下面“直流电机电源”的“电枢电源”开关及“励磁电源”开关须在“关”断位置。开启“电源总开关”，按下启动按钮，旋转调压器旋钮将三相交流电源输出端 U、V、W 的线电压调到 220V，再按下控制屏上的“关”（红色）按钮以切断三相交流电源。

准备好实验用挂件，按 DQ39－1、DQ39 的排列顺序在实验屏上挂好。

1. 三相异步电动机启动顺序控制（一）

按图 14－1（a）所示接线，图中 SB_1、SB_2、SB_3、KM_1、KM_2、FR_1 选用 DQ39 上的元

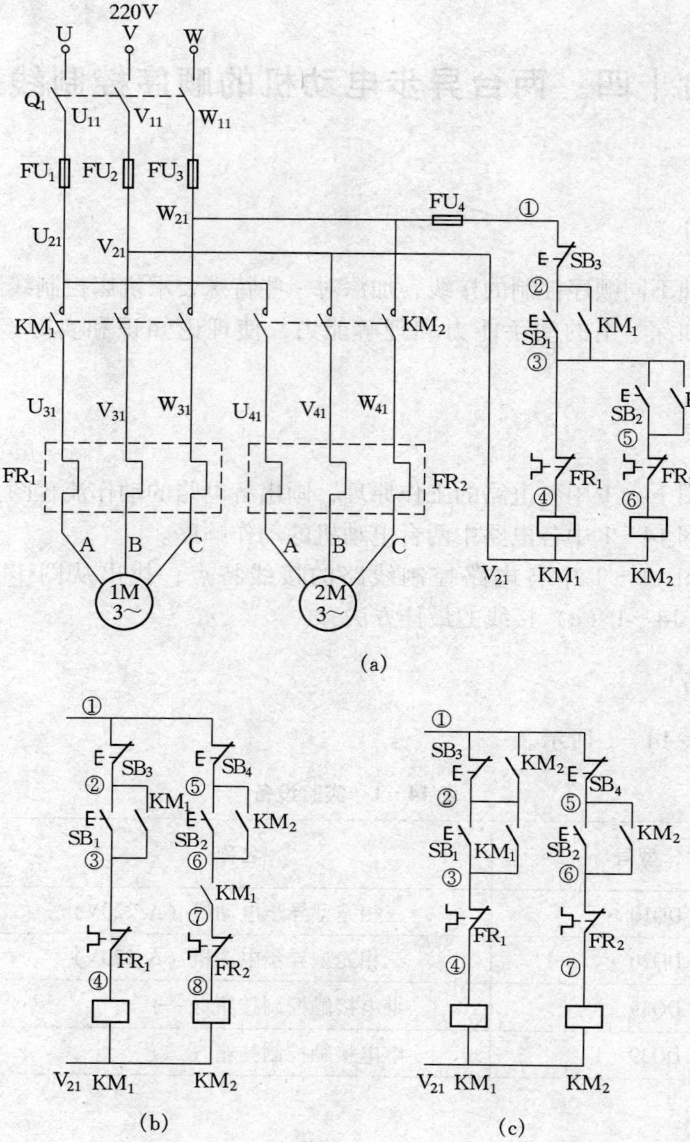

图 14－1 顺序控制线路

器件，FU_1、FU_2、FU_3、FU_4、Q_1、FR_2 选用 DQ39－1 上的元器件，电机 M_1 选用 DQ11（Δ/220V），M_2 选用 DQ10（Δ/220V）。

（1）按下启动（绿色）按钮，合上开关 Q_1，接通 220V 三相交流电源。

（2）按下 SB_1，观察电动机运行情况及接触器吸合情况。

（3）保持 M_1 运转时按下 SB_2，观察电动机运转及接触器吸合情况。

（4）在 M_1 和 M_2 都运转时，能不能单独停止 M_2。

（5）按下 SB_3 使电动机停转后，先按 SB_2，分析电动机 M_2 为什么不能启动。

(6) 关闭 Q_1 开关，按下控制屏上的“关”(红色) 按钮。

2. 三相异步电动机启动顺序控制 (二)

保持主电路不变，控制线路按图 14-1 (b) 所示接线。图中 SB_1、SB_2、SB_3、FR_1、KM_1、KM_2 选用 DQ39 上的元器件，FR_2、SB_4 选用 DQ39-1 上的元器件，M_1 选用 DQ11，M_2 选用 DQ10。

(1) 按下屏上启动 (绿色) 按钮，合上开关 Q_1，接通 220V 三相交流电源。

(2) 按下 SB_1，观察并记录电动机及各接触器的运行状态。

(3) 按下 SB_2，观察并记录电动机及各接触器的运行状态。

(4) 单独按下 SB_3，观察并记录电动机及各接触器的运行状态。

(5) 在 M_1 与 M_2 都运行时，按下 SB_4，观察电动机及各接触器的运行状态。

(6) 关闭 Q_1 开关，按下控制屏上的“关”(红色) 按钮。

3. 三相异步电动机停止顺序控制

保持主电路不变，控制线路按图 14-1 (c) 所示接线。图中 SB_1、SB_2、SB_3、FR_1、KM_1、KM_2 选用 DQ39 上的元器件，FR_2、SB_4 选用 DQ39-1 上的元器件，电动机 M_1 用 DQ11 (Δ/220V)，M_2 用 DQ10 (Δ/220V)。

(1) 按下屏上启动 (绿色) 按钮，合上开关 Q_1，接通 220V 三相交流电源。

(2) 按下 SB_1，观察并记录电动机及接触器的运行状态。

(3) 再按下 SB_2，观察并记录电动机及接触器的运行状态。

(4) 在 M_1 与 M_2 都运行时，单独按下 SB_4，观察并记录电动机及接触器的运行状态。

(5) 在 M_1 与 M_2 都运行时，单独按下 SB_3，观察并记录电动机及接触器的运行状态。

(6) 按下 SB_4 使 M_2 停止后再按 SB_3，观察并记录电动机及接触器的运行状态。

(7) 关闭 Q_1 开关，按下控制屏上的“关”(红色) 按钮。

五、思考题

(1) 画出图 14-1 (a)、(b)、(c) 的运行原理流程图。

(2) 比较图 14-1 (a)、(b)、(c) 3 种线路的不同点和各自的特点。

(3) 例举几个顺序控制的机床控制实例，并说明其用途。

实验十五　三相笼型异步电动机的降压启动控制线路

一、实验目的

（1）通过对三相异步电动机降压启动的接线，进一步掌握降压启动在机床控制中的应用。

（2）了解 Y－Δ 降压启动手动控制和自动控制方式的不同。

（3）熟练掌握控制线路的接线方法，为后续课程打好基础。

二、预习要求

（1）试分析图 15－1、图 15－2 和图 15－3 中各电路的工作原理。

（2）对比图 15－1、图 15－2 和图 15－3 中各控制电路的异同，找出最佳接线方案。

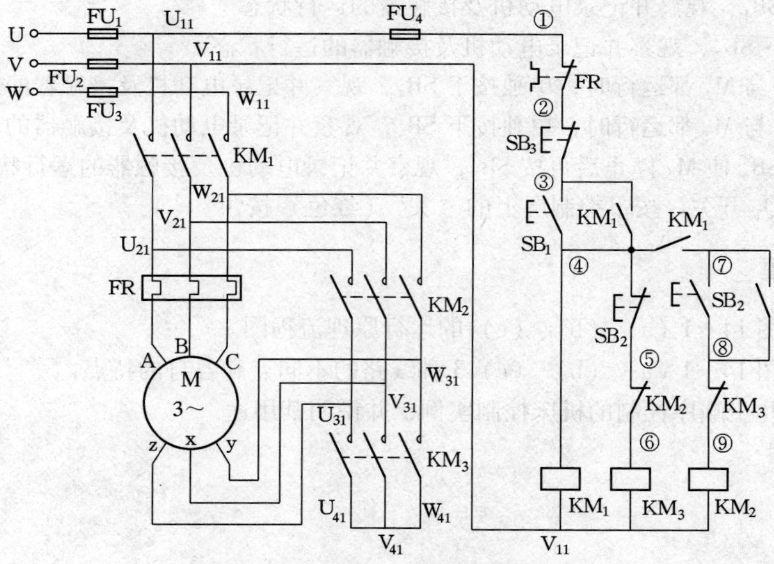

图 15－1　手动星-三角控制线路（一）

三、实验设备

实验设备如表 15－1 所示。

四、实验内容与步骤

实验前要检查控制屏左侧端面上的调压器旋钮须在零位，下面“直流电机电源”的

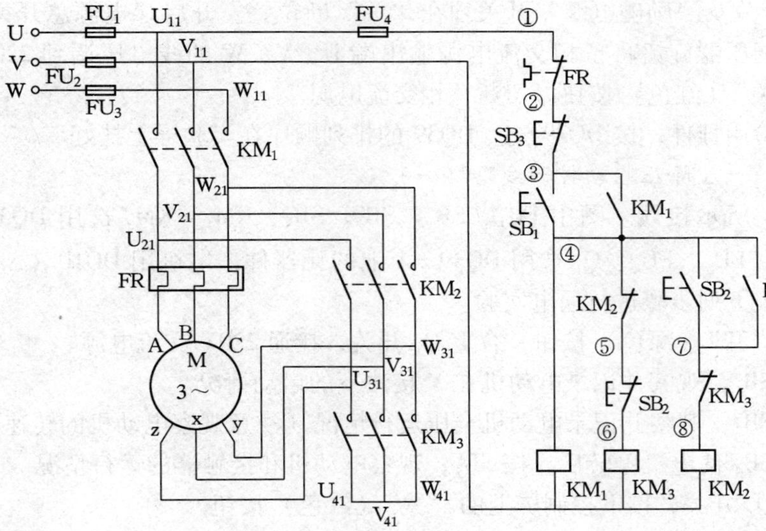

图 15－2　手动星-三角控制线路（二）

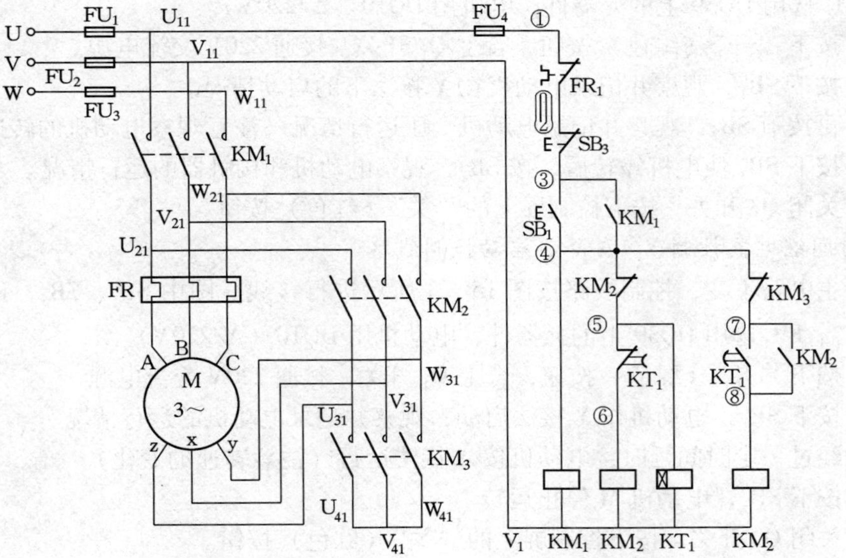

图 15－3　时间继电器控制 Y－Δ 降压启动控制线路

表 15－1　实验设备

序号	型号	名称	数量
1	DQ10	三相笼型异步电动机（Δ/220V）	1 件
2	DQ39	继电接触控制挂箱（一）	1 件
3	DQ39－1	继电接触控制挂箱（二）	1 件

“电枢电源”开关及“励磁电源”开关须在“关”断位置。开启“电源总开关”，按下启动按钮，旋转调压器旋钮将三相交流电源输出端U、V、W的线电压调到220V，再按下控制屏上的“关”（红色）按钮以切断三相交流电源。

准备好实验用挂件，按DQ39－1、DQ39的排列顺序在实验屏上挂好。

1. 手动接Y－Δ降压启动控制线路（一）

按图15－1所示接线。图中FR_1、SB_1、SB_2、SB_3、KM_1、KM_2选用DQ39上的元器件，FU_1、FU_2、FU_3、FU_4、Q_1选用DQ39－1上的元器件，电机用DQ10（Δ/220V）。经查检无误后，按下列步骤进行通电实验。

（1）按下“开”（绿色）按钮，合上Q_1开关，接通220V交流电源。

（2）按下SB_1，观察并记录电动机在Y接法下的启动情况。

（3）按下SB_2，观察并记录电动机全压运行情况（注意观察电动机的转速变化）。

（4）按下SB_3使电机停转后，按SB_2，观察电动机和接触器的运行情况。

（5）关闭Q_1开关，按下控制屏上的“关”（红色）按钮。

2. 手动Y－Δ降压启动控制线路（二）

保持主电路不变，控制线路按图15－2所示进行接线。图中FR_1、SB_1、SB_2、SB_3、KM_1、KM_2选用DQ39上的元器件，电机用DQ10（Δ/220V）。

（1）按下“开”（绿色）按钮，合上Q_1开关，接通220V交流电源。

（2）按下SB_1，观察并记录电动机在Y接法下的启动情况。

（3）再按下SB_2，观察并记录电动机全压运行情况（注意观察电动机的转速变化）。

（4）按下SB_3使电机停转后，按SB_2，观察电动机和接触器的运行情况。

（5）关闭Q_1开关，按下控制屏上的“关”（红色）按钮。

3. 时间继电器控制Y－Δ降压启动控制线路

保持主电路不变，控制线路按图15－3所示进行接线。图中SB_1、SB_3、KM_1、KM_2、KM_3、KT_1、FR_1选用DQ39上的元器件，电动机用DQ10（Δ/220V）。

（1）按下“开”（绿色）按钮，合上Q_1开关，接通220V交流电源。

（2）按下SB_1，电动机作Y接法启动，观察并记录电动机的运行情况。

（3）经过一定时间延时，电动机按Δ接法运行（注意转速的变化）。

（4）按下SB_3，电动机M停止运转。

（5）关闭Q_1开关，按下控制屏上的“关”（红色）按钮。

五、思考题

（1）画出图15－1、图15－2和图15－3所示的工作原理流程图。

（2）时间继电器在图15－3中的作用是什么？

（3）采用Y－Δ降压启动的方法时对电动机有何要求？

（4）Y－Δ降压启动的自动控制与手动控制线路比较，有哪些优点？

实验十六　三相线绕式异步电动机的启动控制线路

一、实验目的

（1）通过对三相线绕式异步电动机的启动控制线路的实际安装接线，掌握由电路原理图接成实际操作电路的方法。

（2）熟练掌握三相线绕式异步电动机的启动应用在何种场合？有何特点？

二、预习要求

（1）熟悉时间继电器的结构和工作原理，了解其基本控制方法。

（2）分析图 16－1、图 16－2 中各电路的工作原理。

（3）对比图 16－1、图 16－2 中各控制电路的异同，找出最佳接线方案。

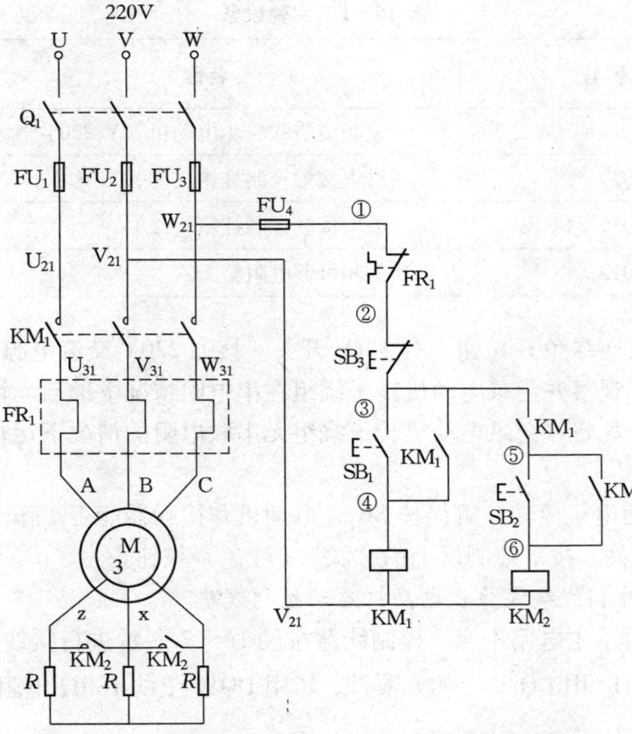

图 16－1　手动控制线绕式异步电动机启动控制线路

三、实验设备

实验设备如表 16－1 所示。

四、实验内容与步骤

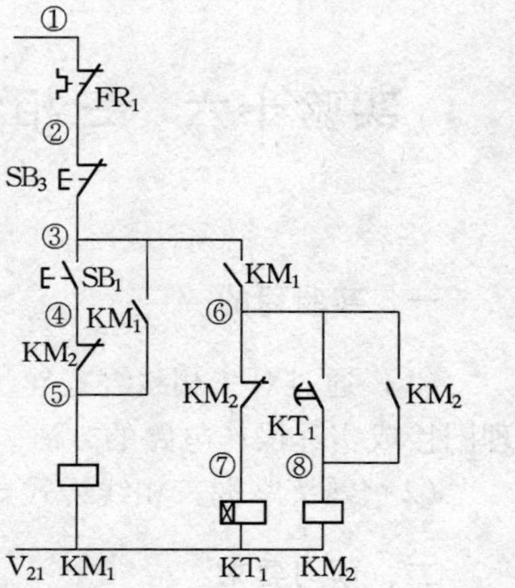

图 16－2　时间控制启动控制线路

实验前要检查控制屏左侧端面上的调压器旋钮须在零位，下面“直流电机电源”的“电枢电源”开关及“励磁电源”开关须在“关”断位置。开启“电源总开关”，按下启动按钮，旋转调压器旋钮将三相交流电源输出端 U、V、W 的线电压调到 220V，再按下控制屏上的“关”（红色）按钮以切断三相交流电源。

准备好实验用挂件，按 DQ39－1、DQ39 的排列顺序在实验屏上挂好。

1. 手动控制线绕式异步电动机启动控制线路

按图 16－1 所示接线。图中 FR_1、SB_1、SB_2、SB_3、KM_1、KM_2 选用 DQ39 上的元器件，FU_1、FU_2、FU_3、FU_4、Q_1 选用 DQ39－1 上的元器件，电动机用 DQ11（Δ/220V）。经检查无误后，按下列步骤进行通电实验：

表 16－1　实验设备

序号	型号	名称	数量
1	DQ11	三相线绕式异步电动机（Y/220）	1 件
2	DQ39	继电接触控制挂箱（一）	1 件
3	DQ39－1	继电接触控制挂箱（二）	1 件
4	DQ12	三相可调电阻箱	1 件

（1）按下“开”（绿色）按钮，合上 Q_1 开关，接通 220V 交流电源。

（2）按下 SB_1，观察并记录电动机转子绕组在串电阻情况下的启动情况。

（3）按下 SB_2，观察并记录电动机转子绕组无串联电阻的情况下运行情况（注意观察电动机的转速变化）。

（4）按下 SB_3 使电机停转。直接按 SB_2，电动机和接触器能否工作。

（5）关闭 Q_1 开关，按下控制屏上的“关”（红色）按钮。

2. 时间继电器控制线绕式异步电动机启动控制线路

保持图 16－1 所示主电路不变，控制线路按图 16－2 所示进行接线。图中 SB_1、SB_2、KM_1、KM_2、FR_1、KT_1 用 DQ39 上的元器件，R 用 DQ12 上的 180Ω 电阻。经检查无误后，按下列步骤操作：

（1）按下“开”按钮，合上开关 Q_1，接通 220V 三相交流电源。

（2）按下 SB_1，观察并记录电动机 M 的运转情况。

（3）经过一段时间延时，启动电阻被切除后，观察电动机的运转情况。

（4）按下 SB_2，电动机停转。

（5）关闭 Q_1 开关,按下控制屏上的“关”(红色)按钮。

五、思考题

（1）三相线绕式异步电动机转子串电阻除可以减小启动电流、提高功率因数、增加启动转矩外，还可以进行什么?

（2）三相线绕式电动机的启动方法有哪几种？什么叫频敏变阻器？有何特点？

参 考 文 献

［1］ 唐介．电机与拖动（第一版）．北京：高等教育出版社，2005．
［2］ 顾绳谷．电机及拖动基础（上、下册）（第四版）．北京：机械工业出版社，2007．
［3］ 张连仲．电机与电气传动基础．北京：兵器工业出版社，2004．
［4］ 杨长能．电机拖动基础．重庆：重庆大学出版社，2003．